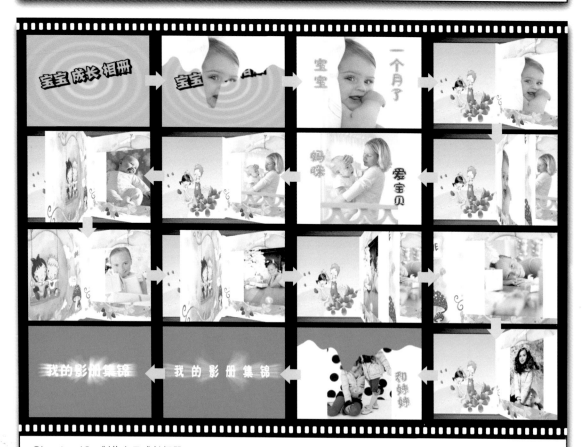

3

Chapter 14　制作动感婚纱影片　273

Chapter 15　打造自己的MTV影片　285

4

无师自通

会声会影X3
家庭DV视频处理
从入门到精通

前沿文化 / 编著

（多媒体超值版）

科学出版社

内 容 简 介

会声会影X3不仅完全符合家庭和个人所需的视频编辑功能，甚至可以挑战专业级的视频编辑软件。无论您是剪辑新手，还是有一定使用经验的熟客，会声会影X3都会替您完整记录生活中的大小事，发挥创意。本书作者结合多年的会声会影软件应用和实战经验，从零开始，系统并全面地讲解了最新版会声会影软件在视频编辑应用领域的相关知识与技能。

全书共分为两部分。第1部分为会声会影X3中文版基础入门，通过第1～11章，详细地讲述了会声会影X3软件的相关基础知识，内容包括：数字多媒体入门、会声会影基础知识、会声会影四大利器、视频素材的捕获、影片高级编辑、应用滤镜特效、应用视频转场效果、应用覆叠效果、设置影片标题字幕、影片的音频设置、分享输出影片等。第2部分为典型实例篇，通过第12～15章的内容，着重讲解了宝贝成长相册、旅游纪实影片、动感婚纱影片、MTV影片等综合实例的制作。

全书内容安排由浅入深，语言文字通俗易懂，实例题材丰富多样，每个操作步骤的介绍都清晰准确，可供广大家庭DV摄录爱好者作为视频后期编辑处理的学习用书，也可作为广大数字多媒体爱好者、动画爱好者的参考用书，对有经验的会声会影使用者也有很高的参考价值。

图书在版编目（CIP）数据

会声会影 X3 家庭 DV 视频处理从入门到精通：多媒体超值版/前沿文化编著.—北京：科学出版社，2011.4
（无师自通）
ISBN 978-7-03-030227-4

I. ①会… II. ①前… III. ①图形软件，会声会影X3 IV. ①TP391.41

中国版本图书馆 CIP 数据核字（2011）第 020832 号

责任编辑：胡子平　魏胜　徐晓娟 / 责任校对：高宝云
责任印刷：新世纪书局　　　　　　 / 封面设计：彭琳君

科 学 出 版 社 出版

北京东黄城根北街 16 号
邮政编码：100717
http://www.sciencep.com

中国科学出版集团新世纪书局策划
北京市艺辉印刷有限公司印刷
中国科学出版集团新世纪书局发行　各地新华书店经销

*

2011 年 5 月 第 一 版　　　　　　开本：16 开
2011 年 5 月第一次印刷　　　　　　印张：18.5
印数：1—4 000　　　　　　　　　　字数：450 000

定价：39.80 元（含 1DVD 价格）

（如有印装质量问题，我社负责调换）

前言 ▶▶▶▶▶▶▶▶▶▶▶▶▶▶▶▶▶▶▶ PREFACE

▶▶ 为什么编写本书

随着数码电子产品的普及，数码影像技术逐渐被越来越多的人所熟悉和应用，比如，使用照片来制作个性化的电子相册，为自己拍摄的视频片段添加片头、片尾以及文字介绍，打造属于自己的MTV影片等。影视作品的设计构思与表现形式是密切相关的，有了好的构思，接下来需要通过软件来完成它。大多数成功的设计都是通过视频合成与动态视觉特效技术来实现的。通过这些技术手段，可以更加准确地表达出设计者所要表达的主题。

Corel公司出品的会声会影功能强大，其创新的影片制作向导模式，使用户只要3个步骤，就可快速做出DV影片，即使是入门级新手，也可以在短时间内体验视频编辑的乐趣。同时，操作简单、功能强大的会声会影编辑模式，从捕获、编辑、转场、特效、覆叠、字幕、配乐，到刻录，让您全方位编辑出好莱坞级的家庭电影。

会声会影X3是Corel公司推出的会声会影的最新版本。随着版本的提高、功能的增加，使用也更简单。

本书作者结合多年的视频编辑处理和实战经验，从零开始，系统并全面地讲解了最新版本会声会影X3软件的相关知识与技能，对初学者在使用会声会影X3软件时经常遇到的问题进行专家级指导，使初学者在起步的过程中少走弯路。

▶▶ 本书的内容安排

全书共分为两部分。第1部分讲解了会声会影X3软件应用的必备基础与入门技能；第2部分为软件应用典型实例。具体内容安排如下：

第1章为数字多媒体入门；第2章为会声会影基础知识；第3章为会声会影四大利器；第4章为视频素材的捕获；第5章为影片高级编辑；第6章为应用滤镜特效；第7章为应用视频转场效果；第8章为应用覆叠效果；第9章为设置影片标题字幕；第10章为影片的音频设置；第11章为分享输出影片；第12章为制作宝贝成长相册；第13章为制作旅游纪实影片；第14章为制作动感婚纱影片；第15章为打造自己的MTV影片。

▶▶ 本书的相关特色

全书内容安排由浅入深，语言文字通俗易懂，实例题材丰富多样，每个操作步骤的介绍都清晰准确，非常方便初学者学习。本书真正从初学者的角度出发，为读者解决两个关键问题：一是"学得会"；二是"用得上"。图书具有以下特色。

- **轻松易学**：在写作方式上，采用"步骤讲述＋图解标注"的写作方式进行编写，操作简单明了，浅显易懂。读者按书中的"图解步骤"一步一步地操作，就可以做出与书中同步的效果来。本书还附带一张精心开发的专业级DVD多媒体教学光盘，配套与图书内容讲解同步的视频教学，读者只需跟着讲解进行同步操作就可学会，像看电影一样，轻轻松松就可熟练掌握会声会影软件应用的技能，学习效果立竿见影。

- **实例丰富**：书中每一个知识点都以实际应用中的实例进行讲解，而不是单一地只讲知识点的操作方法。在实例的实际应用中，穿插知识点的使用方法与技巧，让读者学习起来感觉实用性强、内容不空洞。而且，很多实例都来自生活和工作中的案例，其参

前言 ›››››››››››››››››››››››› PREFACE

考价值较高。

○ **内容全面：** 本书主要从读者自学角度出发，从零开始，系统并全面地讲解了会声会影X3软件应用的相关知识与技能。全书共分为两部分，第1部分讲解了会声会影X3中文版软件应用的必备基础与入门技能，通过第1部分内容的学习，让读者先入门；第2部分为软件应用典型实例，从软件应用专业技术角度出发，通过大量实例讲解了会声会影X3的综合应用，通过第2部分内容的学习，可以让读者达到精通的水平。只要读者认真按照书中内容一步一步地学习，就可以成为从不会操作到熟练操作、从不懂应用到完全精通的使用高手。

○ **操作性强：** 除了在写作上通过大量的实例进行讲述外，书中还配有"提个醒"、"一点通"等小栏目，对操作中的"重点"步骤还加以提示与注意。另外，光盘中还提供了全书实例的素材文件及结果文件，读者在学习时可以打开相关文件进行同步操作与练习。

›› 您是否适合学习本书

如果您是以下情况之一的读者，建议您购买本书。

○ 如果您对会声会影中文版软件应用一点不懂，希望通过自学方式快速掌握会声会影的相关技能，建议您选择本书。

○ 如果您对会声会影中文版软件有一定的了解，或基础不太好，对知识一知半解，希望系统并全面掌握软件应用相关知识，建议您选择本书。

○ 如果您有一定的会声会影使用基础，但缺少数码视频处理与编辑技巧，或者实战操作技能水平不好，建议您选择本书。

○ 如果您以前曾经尝试了几次学习会声会影中文版软件应用，都未完全入门或学会，建议您选择本书。

›› 作者致谢

本书由前沿文化与中国科学出版集团新世纪书局联合策划。在此向所有参与本书编创的工作人员表示由衷的感谢。

最后，真诚感谢读者购买本书。您的支持是我们最大的动力，我们将不断努力，为您奉献更多、更优秀的视频编辑图书。

由于计算机技术飞速发展，加上编者水平有限、时间仓促，不妥之处在所难免，敬请广大读者和同行批评指正。如果您对本书有任何意见或建议，欢迎与本书策划编辑联系（ws.david@163.com）。

编 者
2011年2月

多媒体光盘使用说明

[全程语音讲解 + 视频操作演示]

如果您的计算机不能正常播放视频教学文件，请先单击"视频播放插件安装"按钮❶，安装播放视频所需的解码驱动程序。

[主界面操作]

1. 单击可安装视频所需的解码驱动程序
2. 单击可进入本书实例多媒体视频教学界面
3. 单击可打开书中实例的素材文件
4. 单击可打开书中实例的最终文件
5. 单击可打开附赠的教学视频文件
6. 单击可打开附赠的Flash素材、PNG相框、音效、遮罩图像及个性字体文件
7. 单击可浏览光盘文件
8. 单击可查看光盘使用说明

[播放界面操作]

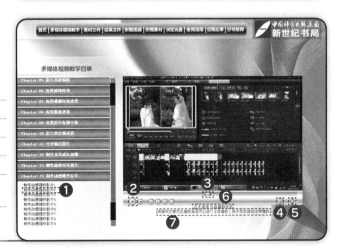

1. 单击可打开相应视频
2. 单击可播放/暂停播放视频
3. 拖动滑块可调整播放进度
4. 单击可关闭/打开声音
5. 拖动滑块可调整声音大小
6. 单击可查看当前视频文件的光盘路径和文件名
7. 双击播放画面可以进行全屏播放，再次双击便可退出全屏播放

[光盘文件说明]

此文件夹包含本书视频教程文件

此文件夹包含书中实例的最终文件

此文件夹包含附赠的Flash素材、PNG相框、音效、遮罩图像及个性字体文件

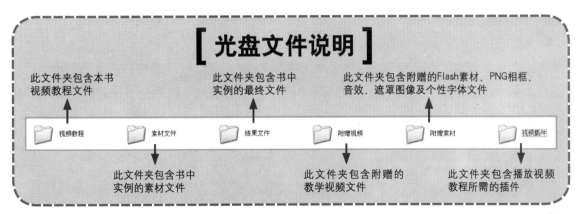

视频教程　素材文件　结果文件　附赠视频　附赠素材　视频插件

此文件夹包含书中实例的素材文件

此文件夹包含附赠的教学视频文件

此文件夹包含播放视频教程所需的插件

Contents ⟩⟩⟩⟩⟩

Chapter 04 | 视频素材的捕获　　　　　　　068

Chapter 05 | 影片高级编辑　　　　　　　084

技能实训——快速创建
动态视频文件 **106** 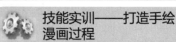视频教程

想一想，练一练 **108**

Chapter 06 │ 应用滤镜特效   109

技能实训——打造手绘
漫画过程 **149** 视频教程

想一想，练一练 **151**

Contents ⟩⟩⟩⟩⟩⟩⟩

Contents ▶▶▶▶▶▶▶ 目 录

视频教程
视频教程
视频教程
视频教程
视频教程

Chapter 14 │ 制作动感婚纱影片   273

Chapter 15 │ 打造自己的MTV影片   285

Chapter

01 数字多媒体入门

● 本章导读

数字多媒体是集合图像、文字、音频、视频等各种数字形式进行交互作业的一种科学与艺术高度融合的综合学科。在学习会声会影之前，我们先对一些常见的数字多媒体基础知识进行了解。

● 本章学完后应会的技能

- 了解数字多媒体格式
- 了解数字多媒体系统
- 掌握DV与计算机的连接
- 安装硬件设备
- 安装1394卡

● 本章重要知识点提示

- DV与计算机的连接
- 安装DVD刻录光驱
- 安装IEEE 1394卡

1.1 数字多媒体格式

数字多媒体格式，主要包括数字视频格式和数字音频格式两种类型。本节将向大家介绍一些常见的数字多媒体格式。

1.1.1 数字视频格式

随着科技的进步，视频文件格式发展到现在，已经有了非常多的种类。然而，在数以百计的格式中，我们所能应用到的只占其中很少一部分，如AVI视频格式、MPEG视频格式、RM/RAM视频格式等。下面将对目前主流的一些视频格式进行介绍，使大家在后面学习会声会影的过程中能够轻松掌握视频的操作技巧。

1 AVI视频格式

AVI是Audio/Video Interleave（音频/视频隔行扫描）的缩写，由Microsoft公司开发并推出，与当时的Windows 3.1系统一起，逐渐为广大计算机用户所熟悉。

AVI是一种将语音和影像同步组合在一起的文件格式，使视频和音频能够交织在一起进行同步播放，主要用来保存电视、电影等各种影像信息。该格式有以下优缺点。

- 优点：兼容性好、调用方便、图像质量好。
- 缺点：所占空间太大，动辄几百MB。

 提个醒：AVI视频格式的压缩标准不够统一，最普遍的现象就是高版本Windows媒体播放器播放不了采用早期编码编辑的AVI格式视频，而低版本Windows媒体播放器又播放不了采用最新编码编辑的AVI格式视频，所以有些用户在播放时会出现问题，此时可以通过下载相应的解码器来解决。

2 MPEG系列视频格式

MPEG是Motion Pictures Experts Group（动态图像专家组）的缩写，它和AVI相反，不单是一种简单的文件格式，而是一种编码方案，主要包括 MPEG-1、MPEG-2、MPEG-4、MPEG-7及MJPEG等多种标准。

（1）MPEG-1

MPEG-1是MPEG组织制定的第一个视频和音频有损压缩标准，它制定于1991年底，处理的是标准图像交换格式（Standard Interchange Format，SIF）或者称为源输入格式（Source Input Format，SIF）的多媒体流。其兼容性强、压缩比高、数据损失少，主要应用于如CD唱片、VCD影片、视频传输、视频点播以及教育网络等。

（2）MPEG-2

1994年发布的MPEG-2（标准代号ISO/IEC 13818）在视频编码算法上和MPEG-1基本相同，但性能有了大幅提高。其设计目标是高级工业标准的图像质量以及更高的传输率，是DVD影像的指定标准编码，同时，MPEG-2还可用于广播、有线电视网、电缆网络以及卫星直播等高画质影像。

（3）MPEG-3

MPEG-3最初由HDTV制定，由于MPEG-2的快速发展，MPEG-3还未彻底完成便宣告淘汰，所以严格说来，此编码已经不存在。

（4）MPEG-4

MPEG-4利用很窄的带宽，通过帧重建技术、数据压缩，以求用最少的数据获得最佳的图像质量。经过这样处理，视频的图像质量下降不大，但所占空间却可节省几倍，可以很方便地用CD-ROM来保存DVD上的节目，在家庭摄影录像、网络实时影像播放上大有用武之地。

（5）MPEG-7

MPEG-7又叫做"多媒体内容描述接口"，其目的是生成一种用来描述多媒体内容的标准，该标准将对信息含义的解释提供一定的自由度，可以传送给设备和计算机程序，也可以被设备或计算机程序查取。

建立MPEG-7标准的出发点是依靠众多的参数对图像与声音实现分类，并对它们的数据库实现查询，就像我们今天查询文本数据库那样，可应用于数字图书馆、多媒体查询服务、广播与电视频道选取、电子新闻服务、媒体创作等。

（6）MJPEG

MJPEG不是专门为PC准备的，而是为专业级甚至广播级的视频采集以及在设备端回放而准备的，所以它包含了传统模拟电视优化的隔行扫描算法，效果非常清晰。

3　RM/RAM视频格式

该视频格式实现了在低速率的网络上进行影像数据的实时传送和播放。如果用户使用RealPlayer或RealOnePlayer播放器，还可以在不下载音频/视频内容的条件下实现在线播放，开创了在线影视的先河。

另外，RM作为目前主流的网络视频格式，它还可以通过其RealServer服务器将其他格式的视频转换成RM视频，并由RealServer服务器负责对外发布和播放。该格式有以下优缺点。

- 优点：占用空间小，用于低速率的网络播放，可以实现边下载边播放。
- 缺点：画质一般，对播放软件比较挑剔。

4　ASF视频格式

ASF是Microsoft公司为了和RealPlayer竞争而开发出来的，是一种包含音频、视频、图像以及控制命令脚本的数据格式，以网络数据包的形式传输，实现流式多媒体内容的发布，可以让用户直接在网上观看视频节目。由于它使用了MPEG-4的压缩算法，所以压缩率和图像质量都很不错。

5　WMV视频格式

WMV是Microsoft公司在其"同门"ASF格式后升级延伸得来的一种流媒体格式。在同等视频质量下，WMV格式占用空间更小，因此很适合在网上播放和传输。该格式的防盗版能力非常强，很多此类影片都需要在线进行验证进行播放。

6　MOV视频格式

MOV即QuickTime影片格式，是Apple公司开发的一种音频、视频文件格式。在开发后的很长一段时间里，它都是只在苹果公司的MAC上存在，现在已经发展到支持Windows平台，无论是在本地播放还是作为视频流格式在网上传播，都是一种优良的视频格式。

除了处理视频数据以外，QuickTime还能处理静止图像、动画图像、矢量图、多音轨、MIDI音乐、三维立体、虚拟现实全景和虚拟现实的物体，当然还包括文本，它可以使任何应用程序中都充满各种各样的媒体。该格式有以下优缺点。

- 优点：画质好，应用广泛。
- 缺点：占用空间大，兼容性差。

7　3GP视频格式

3GP是目前移动设备（手机、PSP）中最为常见的一种视频格式，它是一种采用3G流媒体的视频编码格式，主要为了配合3G网络的高传输速度而开发的。

3GP格式由NOKIA与Apple公司共同研发，它使用 MPEG-4 或H.263 两种影片编码方式，可以将影片以更经济的方式存放在手机或其他移动装置里。该格式有以下优缺点。

- 优点：文件占用空间小，移动性强，适合移动设备使用。
- 缺点：在PC上兼容性差，支持软件少，且播放质量差、帧数低，与AVI等传统格式相差很多。

8 FLV视频格式

FLV流媒体格式是一种新的视频格式，全称为Flash Video。由于它形成的文件占用空间极小，加载速度极快，所以目前大部分视频网站中的视频短片都使用此格式，如土豆网、优酷网等。它已经成为当前视频文件的主流格式。

FLV流媒体格式的出现有效地解决了视频文件导入Flash后，使导出的SWF文件占用空间大，不能在网络上很好地使用等缺点。清晰的FLV视频每分钟在1MB左右，一部电影在100MB左右，是普通视频文件的1/3。该格式有以下优缺点。

- 优点：可以轻松地导入Flash中，速度快，播放便捷。
- 缺点：质量一般，下载不方便。

9 DIVX视频格式

DIVX视频编码技术是由MPEG-4衍生出的另一种视频编码标准，也就是通常所说的DVDRIP格式。

DIVX视频格式主要是使用新的压缩技术对DVD盘片的视频图像进行高质量压缩，同时用MP3或AC3对音频进行高质量压缩，然后再将压缩后的视频与音频进行合成，同时加上相应的外挂字幕文件而形成的视频格式。

DIVX的画质直逼DVD，但是占用空间却只有DVD的几分之一，同时其对硬件配置的要求也不高，所以DIVX视频编码技术又被称为DVD杀手或DVD终结者。该格式有以下优缺点。

- 优点：占用空间小，视频质量好，对硬件依赖性低。
- 缺点：只能通过计算机播放，且播放快速运动的画面时不稳定。

10 DV-AVI视频格式

DV的英文全称是Digital Video Format，它是由多家摄像机厂商，如Sony、Panasonic、JVC等联合提出的一种家用数字视频格式。目前应用广泛的数码摄像机就是使用这种格式记录视频数据的。

DV可以通过计算机的IEEE 1394端口传输视频数据到计算机，也可以将计算机中编辑好的视频数据回录到数码摄像机中。进行传输的这种视频格式的文件扩展名一般是.avi，所以也叫DV-AVI格式。

 一点通： 因为一般的计算机显示器和摄像机的色彩系统有差别，所以有时候可能会出现播放DV视频时画面色彩不好，和摄像机上看到的不一致，这是正常的，换一台专业的计算机显示器即可正常显示原有色彩。

1.1.2　数字音频格式

目前出现的音频文件格式种类繁多，它们都有各自的优缺点。对于不同需求的人们来说，都有各自的选择。本节就来了解一下一些常见的音频文件格式。

1　CDA音频格式

CDA音频文件也就是通常所说的CD音轨，是我们所熟悉的CD音乐光盘中的文件格式。

CDA的最大特点是近乎无损，基本上忠实于原声音质。标准CDA格式具有44.1kHz的采样频率，速率为88KB/s，16位量化位数，是目前音质最好的音频格式。该格式一直是音响发烧友享受天籁之音的最佳选择。

一般的CD光盘除了可以在CD唱机中播放外，也可以使用计算机里的各种播放软件来播放。每个CD音频文件都代表一个 ∗.cda文件，但它与其他格式的文件不同，它并不包含任何声音信息，而只是一个索引信息，所以不论CD音乐的长短是多少，在计算机上看到的 ∗.cda文件都只有44KB。该格式有以下优缺点。

- 优点：音质完美。
- 缺点：占用空间大，复制不方便。

提个醒：∗.cda文件本身只有索引信息，而不包含任何声音信息，所以直接复制到计算机中的CDA文件是无法播放的，只有使用专门的抓音轨软件对CDA格式的文件进行转换，如转换成WAV才能进行播放。只要硬件条件良好且参数设置得当，转换后的音质也能基本做到无损。

2　WAV音频格式

WAV格式是Microsoft公司开发的一种采用无损压缩技术的声音文件格式，支持MSADPCM、CCITTALaw等多种压缩算法，支持多种音频位数、采样频率和声道。

标准格式的WAV文件和CD格式一样，也是44.1kHz的采样频率，速率为88KB/s，16位量化位数，所以它的声音文件质量与CD格式相差无几，是目前个人计算机中最为流行的声音文件格式之一。几乎所有的音频编辑软件都支持WAV格式。该格式有以下优缺点。

- 优点：音质与CD无异。
- 缺点：占用空间大。

一点通：所谓无损压缩技术，就是一种可以进行还原的压缩方法，即使音频经过压缩，仍然能够达到原始音频的原音效果。如果用户使用的是有损压缩，则刚好相反，进行压缩后，音质会大受影响，无法达到原音效果。

3　MP3音频格式

MP3（Moving Picture Experts Group Audio Layer III，动态影像专家压缩标准音频层面3）是目前流行最为广泛的音频格式，它可以大幅度降低音频文件的占用空间，而对于普通用户来说，其音质没有明显的下降。

简单地说，MP3就是一种音频压缩技术，其利用MPEG Audio Layer 3的技术，将音乐容量大幅压缩，能够在音质丢失很小的情况下把文件压缩到最小，而且还非常好地保持了原来的音质。

正是因为MP3占用空间小、音质高的特点，使得MP3格式几乎成为网上音乐的代名词。每分钟音乐的MP3格式只有1MB左右，这样每首歌只有3～4MB。使用MP3播放器对MP3文件进行实时的解压缩（解码），这样，高品质的MP3音乐就播放出来了。该格式有以下优缺点。

- 优点：占用空间小，音质好。
- 缺点：相比CD、WAV格式，音质稍有逊色。

4　MP3Pro音频格式

MP3Pro音频格式并不是一种全新的格式，它是基于传统MP3编码技术的升级版本，其最大的技术亮点就在于SBR（Spectral Band Replication，频段复制）。这是一种新的音频编码增强算法，它为改善低数据速率下音频和语音编码的性能提供了可能。在保持相同的音质下，可以把声音文件压缩到原有MP3格式的一半左右，而且可以在基本不改变文件占用空间的情况下改善原有MP3音乐的音质。

除此之外，MP3Pro还能够很好地和MP3兼容，经过MP3Pro压缩的文件，扩展名仍旧是.mp3。可以在老的MP3播放器上播放，老的MP3文件也可以在新的MP3Pro播放器上进行播放。

5 RA音频格式

RA是Real公司推出的能够达到CD音质的一种音频格式。它主要适用于网络上的在线音乐欣赏，其特点是可以随网络带宽的不同而改变声音的质量，在保证大多数人听到流畅声音的前提下，令带宽较富裕的听众获得较好的音质。该格式有以下优缺点。

- 优点：占用空间小，音质不错。
- 缺点：兼容性不好，非专业播放器不能播放。

6 WMA音频格式

WMA的全称是Windows Media Audio，它是Microsoft公司推出的与MP3格式齐名的一种新的音频格式。

WMA在压缩比和音质方面都超过了MP3音频格式，更是远胜于RA（Real Audio）格式的文件，它即使在较低的采样频率下也能产生比较好的音质。因为WMA有Microsoft的Windows Media Player做后盾，所以一经推出就成为了"炙手可热"的音频格式之一。目前大多数随身播放器都支持此种格式。该格式有以下优缺点。

- 优点：在低比特率的情况下，比MP3占用空间更小、音质更好。
- 缺点：在高比特率的情况下，相比MP3音质稍差。

7 MID音频格式

MID是20世纪80年代初为解决电声乐器之间的通信问题而提出的。MID文件并不是一段录制好的声音，而是记录声音的信息，然后通知声卡如何再现音乐的一组指令。一个1分钟左右的MID音乐文件，只有5～10KB。

MID主要作用于原始乐器作品、流行歌曲的业余表演、游戏音轨以及电子贺卡等。但主要还是用于计算机作曲领域，不但可以用作曲软件进行输出，也可以通过声卡的MIDI接口把外接音序器演奏的乐曲输入计算机中，制成MID文件。

 一点通：MID音频格式的文件只是包含了声音的信息，其音质表现则主要取决于计算机硬件，如声卡的好坏。所以只要计算机配置比较高，都能听到非常好的原音效果。

8 APE音频格式

APE是一种流行的音频文件格式，采用先进的无损压缩技术，在音质不降低的前提下，大小压缩到传统无损格式WAV文件的一半；而在音质上超越一般的MP3，达到和CD相同的音质，并且可烧录成与源介质有相同品质的CD。

9 AAC音频格式

AAC全名是Advanced Audio Coding，其中文译名为"高级音频编码技术"，最大能容纳48通道的音轨，采样率达96 kHz。

AAC基于MPEG-2的音频编码技术，由Fraunhofer IIS、Dolby、Apple、AT&T、Sony等公司共同开发，以取代MP3格式。2000年，MPEG-4标准出台，AAC重新整合了其特性，故现又称MPEG-4 AAC，即M4A。

AAC作为一种高压缩比的音频压缩算法，通常压缩比为18:1，在96Kbps码率的表现超过了128Kbps的MP3音频。它同时提供了多声道特性，支持1～48个全音域音轨和15个低频音轨。除此之外，AAC最高支持96kHz的采样率，其解析能力足可以和DVD-Audio的PCM编码相提并论，因此成为下一代DVD的标准音频编码。

10　OGG音频格式

OGG是一种新的音频压缩格式，类似于MP3等现有的音乐格式。虽然都是有损压缩格式，但OGG压缩后的数据损失更小。

 一点通： OGG通过使用声学模型来减少损失，因此，同样位速率编码的OGG与MP3相比听起来更好一些。

11　MD音频格式

Sony公司的MD（Mini Disc）格式使用了ATRAC算法（自适应声学转换编码）压缩音源，可以相应减少某些数据量的存储，从而既保证音质又达到减小占用空间的目的。它是一套基于心理声学原理的音响译码系统，可以把CD唱片的音频压缩到原来数据量的约1/5，而声音质量没有明显的损失。

1.2　数字多媒体系统

数字多媒体系统是一个广泛的概念，它主要包括硬件系统和软件系统两个部分。下面分别进行介绍。

1.2.1　视频编辑硬件系统

要进行视频编辑，首先需要硬件系统的支持，它主要包括DV摄像机、多媒体计算机、视频采集卡和DVD刻录光驱。

1　DV摄像机

DV（Digital Video，数字视频）是由索尼（Sony）、松下（Panasonic）、JVC（胜利）、夏普（Sharp）、东芝（Toshiba）和佳能（Canon）等众多家电厂商共同制定的一种数码视频格式。在国内，大多把体型小巧的数码摄像机称为DV。

（1）LCD显示屏

DV摄像机与传统摄像机的最大区别在于其拥有一个可以即时预览拍摄画面的屏幕，称为LCD（液晶）显示屏，如右图所示。

目前主流的LCD（液晶）显示屏大小一般在2.5～3.5英寸之间，它通过感光元件（一般有COMS和CCD两种）将光信号转变成电流，再将模拟电信号转变成数字信号，由专门的芯片进行处理和过滤后，将得到的信息显示在LCD（液晶）显示屏上。

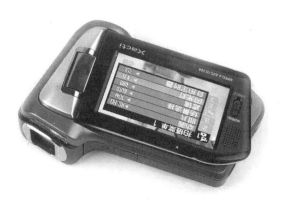

（2）像素

既然谈到了LCD（液晶）显示屏，那么不得不提到"像素"。它是决定成像效果最终质量的重要指标。感光元件的像素数越大，单一像素尺寸越大，收集到的图像就会越清晰，同时分配到静态和动态的有效像素就会越多，从而拍摄出更大、更多细节的视频，如右图所示。

 提个醒：一般家用DV摄像机的像素在500～800万之间即可。

（3）分辨率

分辨率是数码影像中的一个重要概念，它是指在单位长度中所表达或获取的像素数量。分辨率越高，拍摄的视频画面越清晰，如右图所示。

简单来说，分辨率就是画面横纵的总像素点数，比如1920 x 1080的分辨率就是DV拍摄画面横向每行有1920个像素点，纵向每列有1080个像素点，乘起来就是1920 x 1080＝2073600个像素点，也就是200万像素。

（4）变焦

一些DV摄像机在机身上通常都标注有20X或者45X，表示此台DV摄像机具有20倍或45倍的变焦范围，如右图所示为45倍变焦的DV。变焦范围越大，就表示能拍摄到更远的地方。

变焦分为数码变焦和光学变焦两种。光学变焦是指通过更改镜头光学系统的成像焦距看到更远的地方；数码变焦指将画面中的一小部分进行放大，从而让人感觉到好像看得更远。

 一点通：视频成像效果的好坏很大程度上还依赖于DV摄像机的光学系统。通常名牌厂商的DV摄像机都是使用蔡司或莱卡镜头，对质量都有所保证。

（5）存储介质

如今随着高清晰度DV摄像机的不断涌现，其存储介质的容量也成了大家最为关心的话题，目前主流的有DV带、存储卡、硬盘、光盘这四大类。

DV带类拍摄效果是最好的，但是容易丢失数据；存储卡类比较方便，小巧便携，但是拍摄效果一般；硬盘类的拍摄效果和存储方面都比较好，但是价格比较昂贵；光盘类的DV可以在拍摄的同时即时将视频刻录到光盘中，但是对稳定性要求很高。如右图所示为光盘类DV。

 一点通： 传统使用DV带的DV摄像机需要使用1394视频采集卡才能捕获清晰的视频，而其他存储介质的DV摄像机则没有这么麻烦，只需使用USB接口即可。

介绍了这么多DV摄像机知识，相信大家对于DV产品已经有了一定的了解。综合来说，它具有清晰度高、色彩纯正自然、能够无损复制、体积小、重量轻、可以适时观看拍摄对象、可以与计算机连接进行视频编辑、可以与电视机连接等诸多优势。

2　1394视频采集卡

IEEE 1394即视频采集卡，它的功能是帮助用户将摄像机所拍摄的视频传输到计算机中进行各种后期加工和处理。

1394视频采集卡的主要作用是为计算机提供一个IEEE 1394接口，然后用户通过这个接口来进行DV设备和计算机的连接，如右图所示。

 提个醒： 如果是使用笔记本计算机的用户，可以检查是否自带1394接口，如果有就不需要再添加1394视频采集卡了。

3　多媒体计算机

计算机，相信大家对它都很熟悉了，它用途非常广泛，已经与人们的生活、工作息息相关。对于需要进行视频编辑的朋友来说，拥有一台配置高端的计算机是必不可少的。目前计算机可分为台式计算机、笔记本计算机、平板计算机3类。

（1）台式计算机

台式机由显示器、主机和各种配件组成，它性能强大、扩展性强，是目前家用计算机中最为主流的计算机类型，如右图所示。

 一点通： 还有一种将主机和显示器结合的一体机台式计算机，非常节约空间。

（2）笔记本计算机

笔记本计算机也是目前应用非常广泛的计算机，由于其集成度高，与各种数码设备的交互性更为便捷。

一点通：许多新款的笔记本计算机都自带1394接口，可以方便地进行老式DV带摄像机的连接。

（3）平板计算机

平板计算机完全通过触摸的方式进行日常计算机应用，目前普及度还不是很高。

提个醒：平板计算机实际上一直存在，不过受关注度不高，直到苹果iPod的出现才重新流行起来。

---

4 DVD刻录光驱

对于广大摄像爱好者来说，经过计算机编辑的视频作品，其完成后一般保存于硬盘。如果计算机配备了DVD刻录光驱，则可以将视频内容刻录到光盘，不但便于收藏，同时也可以在DVD播放机中进行播放。

DVD刻录光驱是一种可以将计算机中的各种数据文件刻录到光盘的设备，如右图所示。

它可以方便用户在进行拍摄视频的编辑后，将其成果刻录到DVD光盘，然后方便地在各种播放设备，如影碟机、光驱中播放。

提个醒：虽然使用光驱作为存储介质的一些DV设备可以直接刻录光盘，但是没有经过后期处理的视频是不完善的。

1.2.2 视频编辑软件系统

要进行视频编辑，除了硬件系统的支持外，还需要能够进行视频编辑的软件，目前主流的非线性编辑软件主要有会声会影、Premiere、After Effects等。

1 会声会影

会声会影是Corel公司专门为个人及家庭用户所设计的一款视频影片剪辑软件。它应用简单、功能强大，只需让用户通过简单的步骤，就能够轻松剪辑出专业级的家庭电影，适用于各种大型的商业庆典、公众会议、婚庆典礼和生日派对等。目前最新的版本是会声会影X3。

2 Premiere

Premiere是Adobe公司推出的非常优秀的视频编辑软件，能对视频、声音、动画、图片、文本进行编辑加工，并最终生成电影文件。其最新版本为Adobe Premiere Pro CS5。

3 After Effects

After Effects简称AE，是Adobe公司推出的一款视频处理软件，适用于从事设计和视频特技的机构，包括电视台、动画制作公司、个人后期制作工作室以及多媒体工作室。许多电影特效、电视广告、片头动画都出自After Effects合成。目前的最新版本是After Effects CS5。

 提个醒： 后面两种软件一般是专业人士使用，而对于普通的家用DV视频编辑来说，使用会声会影能够满足几乎所有的要求。

1.3 DV与计算机的连接

除了老式的DV带摄像机需要使用1394线进行连接外，目前主流的DV摄像机基本上都是直接通过USB数据线进行连接的。下面以Sony（索尼）DV的连接为例进行介绍。

1.3.1 安装DV驱动

在进行DV和笔记本计算机的连接之前，首先还需要进行驱动程序的安装，具体步骤如下。

STEP 01 双击光盘或网络上下载的索尼USB驱动程序，单击"下一步"按钮，如下图所示。

STEP 02 阅读注意事项，然后单击"下一步"按钮，如下图所示。

STEP 03 系统开始自动复制驱动程序到硬盘上，如下图所示。

STEP 04 安装驱动成功，单击"完成"按钮重新启动笔记本计算机，如下图所示。

 提个醒：用户务必要在安装USB驱动之后再进行USB线的连接，否则无法正常使用。

1.3.2 连接DV到计算机

安装好DV设备的USB驱动以后，还需要在DV摄像机中进行相应的设置，具体步骤如下。

STEP 01 ❶将DV摄像机连接电源，❷拨动POWER开关到VCR播放状态，如下图所示。

STEP 02 打开DV液晶屏，按下右下角的【FN】按钮，如下图所示。

提个醒： 在进行视频捕获的过程中，为了不影响捕获效果。最好使用交流电源进行连接，以免电池电量用完造成捕获中断。

STEP 03 在打开的界面中，按下【MENU】按钮，如下图所示。

STEP 04 ❶按下 ▣ 图标，❷选择USB STREAM选项后，按下【ON】按钮，如下图所示。

STEP 05 使用数据线分别连接DV摄像机和计算机，如下图所示。

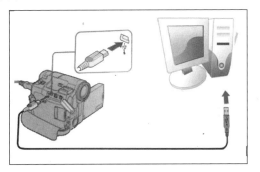

STEP 06 此时系统会自动为连接的DV设备匹配之前安装的驱动，如下图所示。

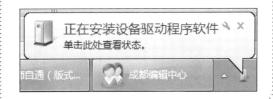

1.4 认识光盘类型与安装刻录光驱

要进行视频内容的刻录，需要DVD光驱和相应的光盘。下面就来介绍常见的刻录光盘类型和DVD刻录光驱的安装。

1.4.1 光盘类型

光盘可以分为CD、DVD以及蓝光光盘3种类型，下面来介绍每一种光盘的特点。

1 CD光盘

CD光盘是一种小型镭射盘，适于存储大容量的数据，数据的内容可以是任何形式的计算机文件，如图像、视频、应用程序等。通常一张CD光盘的容量为700MB，具有耐用性、便利性和制作成本低的特点。

2　DVD光盘

DVD光盘的中文名称为数字多用途光盘，它以MPEG-2为标准，拥有4.7GB的大容量，可存储133分钟的高分辨率全动态影视节目，是目前最为主流的刻录盘。

3　蓝光光盘

蓝光光盘是DVD光盘的替代品。在人们对多媒体的品质要求日趋增高的情况下，用以存储高画质的影音以及高容量的资料。

一个单层的蓝光光盘容量为25GB或27GB，足够刻录一个长达4小时的高分辨率影片。双层可达到46GB或54GB，足够刻录一个长达8小时的高分辨率影片。而4层或8层的蓝光光盘，则容量可以分别高到100GB或200GB。

1.4.2　安装DVD刻录光驱

介绍完常见的光盘类型后，下面介绍DVD刻录光驱的安装方法，具体步骤如下。

STEP 01 把机箱背面与显示器、电源的连线拔出，将机箱放在平台上，拧开螺丝，打开机箱面板，如下图所示。

STEP 02 使用螺丝刀从内向外用力撞击机箱面板顶部的挡板，将其由外部取出，如下图所示。

STEP 03 准备好要安装的DVD刻录光驱，使其正面向上，将其沿空出的挡板空间向内推送，如下图所示。

STEP 04 使用螺丝刀拧紧刻录光驱两侧的螺丝，将其固定在机箱中，如下图所示。

STEP 05 找到主机中空余的数据线，将其插入刻录光驱的IDE接口，如下图所示。

STEP 06 找到空余的电源线，将其连接到刻录光驱的电源接口，如下图所示。

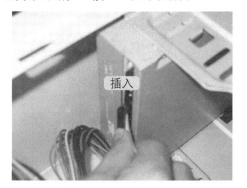

插入

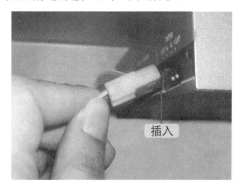

插入

STEP 07 安装好DVD刻录光驱后，重新还原机箱面板。

技能实训 安装IEEE 1394卡

通过IEEE 1394卡，用户可以将DV数码摄像机中的影像数据不失真地下载到计算机中进行编辑，所以对视频数据要求较高的专业用户，建议使用1394卡来进行视频数据的捕获和传输。

实训目标

本技能的实训可以让读者达到以下目标：

- 安装1394卡
- 连接DV摄像机

操作步骤

下面来介绍如何为卡带式DV摄像机安装1394视频采集卡，具体步骤如下。

STEP 01 根据自己DV的1394接口情况，有针对性地选购一款1394卡，如下图所示。

STEP 02 打开机箱面板，将1394卡插入空闲的PCI插槽，如下图所示。

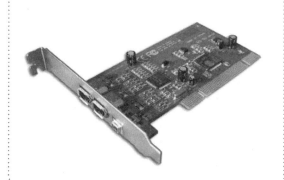

STEP 03 在挡板上拧紧螺丝，固定1394卡，如右图所示。

STEP 04 重新还原机箱面板，完成1394卡的安装。以后需要使用DV带摄像机，则直接通过1394数据线将DV连接到此采集卡的1394接口即可。

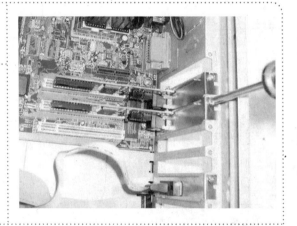

 提个醒：目前1394卡有4针和6针两种，DV摄像机一般都是4针，所以选购时需要特别注意。

想一想，练一练

通过本章内容的学习，请读者完成以下练习题。

（1）为自己的DV安装驱动程序。
（2）将DV连接到计算机。
（3）为自己的计算机安装DVD刻录光驱。
（4）为自己的计算机安装1394卡。

Chapter

02 会声会影基础知识

● 本章导读

　　会声会影X3是Corel公司专门为个人及家庭用户所设计的一款视频影片剪辑软件。它应用简单、功能强大，只需让用户通过简单的步骤，就能够轻松剪辑出专业级的家庭电影。本章先来介绍会声会影的安装和启动方法。

● 本章学完后应会的技能

- ● 认识会声会影X3
- ● 了解会声会影X3的硬件需求
- ● 掌握会声会影X3的安装和启动
- ● 熟悉会声会影X3的启动界面
- ● 注册和激活会声会影X3

● 本章多媒体同步教学文件

🎬 光盘\视频教程\Chapter 02\2-3-1.avi
🎬 光盘\视频教程\Chapter 02\2-3-2.avi
🎬 光盘\视频教程\Chapter 02\技能实训.avi

2.1 会声会影X3全新体验

会声会影X3是一款全新的傻瓜式视频编辑软件，它可以创建高质量的影片、电子相册或者DVD光盘。

2.1.1 会声会影X3的主要功能

会声会影X3作为完整的高清视频编辑程序，它以专业的模板、高水准的实时特效、精美的字幕和平滑的转场效果，让用户可以更快地进行视频编辑和渲染。

（1）完整的视频编辑方案

会声会影X3可以直接从DV摄像机、Internet、DC数码相机和各种移动设备中捕获高清视频或照片，如右图所示。

它还可以使用软件提供的各种功能菜单对视频和相册进行个性化设置，创建DVD模板，同时还支持多种输出格式，如DVD、移动设备等。

（2）强大易用的编辑功能

会声会影X3拥有更多的编辑功能模块，如右图所示。

这些功能模块可以让用户方便地进行视频和相册的编辑创作，体验非线性编辑所带来的快感，轻松创建悦目的专业级影片或相册。而且这些功能对于视频编辑不熟悉的用户来说也同样有效。

（3）独特的视频创意体验

会声会影X3可以在视频上进行绘画，也可以使用"自动摇动和缩放"功能使创建的相册更加生动、自然。

另外，它还可以对视频内容进行任意形状的变形处理；可以任意使用多达100多个的效果滤镜和覆叠帧、对象及Flash动画等内容，来迅速提高视频创作的创造力，如右图所示。

（4）完美的端到端硬件支持

会声会影X3能够导入领先的高清格式视频，包括HDV、AVCHD和蓝光光盘等。它还可以使用独特的"智能代理"功能，让用户在视频创作时能够顺畅、高效地进行编辑。

最后，会声会影X3与各种外部设备完美结合，可以方便地导出视频文件到手机、PSP、视频网站，如右图所示。

提个醒：会声会影X3针对最新的酷睿i系列CPU进行优化，可以对最新的格式（如 H.264）快速进行编码。

2.1.2　会声会影X3的新增功能

相比以前的版本，会声会影X3进行了革命性的增强和创新，添加了许多独特而强大的特色功能，不管是对于老用户还是初次接触会声会影的朋友来说都是非常实用的。这些功能主要包括以下几个方面。

1 提升速度和性能

- 支持Intel® Core™ i7、NVIDIA® CUDA™ 和AMD的硬件加速。
- 启动界面变化，让用户快速访问"快速编辑模式"或"高级编辑模式"。
- 增加快速编辑模式，让用户几分钟内就能制作完影片。
- 智能代理使预览更快、高清编辑更具有互动性。
- 焕然一新的界面，使用户能够更快地完成视频编辑工作流程。

2 高水准的特效和模板

- 新增RevoStock®专业设计的高品质模板。
- 新增实时特效，包括带关键帧插值功能的NewBlue®FX 过滤器。
- 新增合成与视频动画效果，包括RotoSketch和AutoSketch。
- 新增多轨过滤器，使用户能够向每条轨道添加特效。
- 新增GPU加速过滤器，能实现实时预览功能。
- 新增SmartSound®提供的可定制免版税音轨。

3 高清增强功能

- 新增好莱坞风格的菜单、字幕、转场效果和特效，以便进行蓝光光盘制作。
- 新增在标准 DVD 介质上进行高清视频制作功能。
- 新增高清 MPEG-4 文件保存选项，以适应Web上H.264压缩的要求。

4 更多共享选项

- 新增以标清或高清格式直接上载到Vimeo®、Facebook®、YouTube™ 和 Flickr®功能。
- 增强DVD制作功能，可以输出到 CD、DVD或蓝光光盘。
- 可将影片保存为更多文件格式，包括 AVI、FLV、MP3、AC 3 5.1、AVCHD、HD MPEG-2和MPEG-4。
- 支持发送到更多硬件设备，包括 iPod®、iPhone® 和PSP®。

2.1.3　会声会影X3的基本工作流程

很多工作都有自己的操作流程，影视编辑工作也是如此。下面介绍使用会声会影X3进行影视编辑的基本流程。

（1）捕获DV格式的视频素材。

（2）对素材影片进行初步剪辑，比如删除不太重要和不好的镜头，根据需要对素材进行挑选，按顺序进行重新排序。

（3）在影片之间添加各种转场，产生渐变效果。

（4）为影片添加各种特效，如对影片应用滤镜功能实现下雪效果；通过覆叠功能给影片添加电视"画中画"效果。这里主要根据实际需要来决定。

（5）为影片添加荧屏字幕和配音。

（6）对影片进行渲染输出，用户可以将影片渲染成某种格式的影片保存在计算机中，也可以把渲染好的影片刻录成CD、DVD在电视中播放。

2.2 会声会影X3的硬件支持

要流畅运行会声会影X3，首先得保证拥有良好的硬件支持，下面来看看具体的需求情况。

2.2.1 硬件系统需求

会声会影X3只能在Microsoft Windows XP SP2以上的系统版本、Windows Vista系统、Windows 7系统中才能正常运行，其运行配置需求如下。

- Microsoft® Windows 7、Windows Vista或Windows XP，安装有最新的 Service Pack（32位或64位版本）。
- 使用 Intel® Core™ Duo 2.83 GHz、AMD双核2.0GHz或更高。
- 1GB内存（建议使用2GB以上）。
- 128MB或更高显存的显卡（建议使用256MB或更高显存显卡）。
- 5GB可用硬盘空间。
- 最低显示分辨率为1024像素×768像素。
- Windows兼容声卡。
- Windows兼容DVD-ROM驱动器以进行安装。
- 可刻录的DVD驱动器，用于制作DVD。
- 可刻录的蓝光驱动器，用于制作蓝光光盘。
- Internet连接，以实现联机功能。

 一点通：会声会影X3专门针对Windows 7系统进行了优化，所以有条件的用户最好在Windows 7系统下进行会声会影X3的安装和使用。

2.2.2 输入/输出设备支持

会声会影X3比其以前版本支持的输入/输出设备更多，主要有以下几种。

- 适用于DV/D8/HDV摄像机的1394 FireWire卡。
- 支持OHCI Compliant IEEE 1394。
- USB视频级（UVC）DV相机。
- 适用于模拟摄像机的模拟捕获卡（针对Windows XP的VFW WDM支持以及针对 Windows Vista/Windows 7的Broadcast Driver Architecture支持）。
- 模拟和数字电视捕获设备（Broadcast Driver Architecture 支持）。
- USB捕获设备：Web相机和光盘/存储/硬盘摄像机。
- AVCHD™、AVCHD™ Lite和BD摄像机。
- DV、HDV™和DVD摄像机。

- 数码相机。
- Windows 兼容 Blu-ray、DVD-R/RW、DVD+R/RW、DVD-RAM或CD-R/RW驱动器。
- Apple® iPhone®、具有视频功能的 iPod® Classic、iPod® Touch、Sony® PSP®、掌上计算机和智能手机。

2.2.3　输入/输出格式支持

第1章已经介绍了一些常用的视频和音频格式知识，这里再罗列出会声会影X3软件所支持的所有格式。

1　输入格式支持

项 目	支持的格式
视频	AVI、MPEG-1、MPEG-2、AVCHD、MPEG-4、H.264、BDMV、DV、HDV™、DivX®、QuickTime®、RealVideo®、Windows Media® Format、MOD（JVC® MOD File Format）、M2TS、M2T、TOD、3GPP、3GPP2
音频	Dolby® Digital Stereo、Digital 5.1、MP3、MPA、QuickTime、WAV、Windows Media Audio
图像	BMP、CLP、CUR、EPS、FAX、FPX、GIF、ICO、IFF、IMG、J2K、JP2、JPC、JPG、PCD、PCT、PCX、PIC、PNG、PSD、PSPImage、PXR、RAS、RAW、SCT、SHG、TGA、TIF、UFO、UFP、WMF
光盘	DVD、视频CD（VCD）、超级VCD（SVCD）

2　输出格式支持

项 目	支持的格式
视频	AVI、MPEG-2、AVCHD、MPEG-4、H.264、BDMV、HDV、QuickTime、RealVideo、Windows Media Format、3GPP、3GPP2、FLV
音频	Dolby® Digital Stereo、Dolby® Digital 5.1、WAV、QuickTime、Windows Media Audio、Ogg Vorbis
图像	BMP、JPG
光盘	CD-R/RW、DVD-R/RW、DVD+R/RW、DVD-R 双层、DVD+R 双层、BD-R/RE

2.3　会声会影X3的安装与启动

了解了会声会影X3的基本知识后，大家是不是对该软件产生了很大的兴趣呢？下面，我们就来介绍软件的安装和启动操作。

2.3.1　会声会影X3的安装

会声会影 X3的安装比较简单，只需根据提示一步步操作即可，下面介绍具体方法。

> **光盘同步文件**　同步视频文件：光盘\视频教程\Chapter 02\2-3-1.avi

STEP 01 将购买的安装光盘放入光驱，双击安装程序图标执行安装，如下图所示。

STEP 02 ❶勾选"我接受许可协议中的条款"复选框，❷单击"下一步"按钮，如下图所示。

STEP 03 ❶选择国家地区，❷设置软件安装路径，❸单击"立刻安装"按钮开始安装，如下图所示。

STEP 04 此时会声会影安装程序会自动进行软件的安装操作，如下图所示。

 提个醒：会声会影X3比较大，并且会自动加载几个系统文件，因此安装过程比较长，需要耐心等待。

2.3.2　会声会影X3的启动

启动会声会影X3程序有3种方式，下面分别进行介绍。

光盘同步文件　同步视频文件：光盘\视频教程\Chapter 02\2-3-2.avi

1 通过桌面快捷方式启动

第一次安装会声会影X3程序后，会自动在桌面上加载一个程序图标，通过它可以便捷地打开会声会影启动界面。

Chapter 02 会声会影基础知识

使用鼠标左键双击桌面上的会声会影快捷图标，或者使用鼠标右键单击该快捷图标，选择"打开"命令，如右图所示，都可打开会声会影主程序启动界面。

2 通过"开始"菜单启动

如果桌面上没有会声会影X3的快捷方式图标，用户还可以通过"开始"菜单来启动软件，具体操作如下。

STEP 01 ❶单击左下角的"开始"按钮，❷单击"所有程序"选项，如下图所示。

STEP 02 在"所有程序"列表中找到如下图所示的会声会影X3程序并单击即可运行。

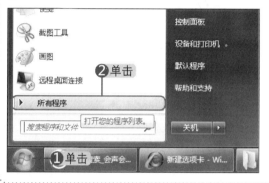

3 通过原始安装程序图标启动

除了前面介绍的方法外，大家还可以直接在会声会影的安装文件夹下双击原始安装程序图标进行启动。

进入C:\Program Files\Corel\Corel VideoStudio Pro X3文件夹，然后双击vstudio图标即可运行会声会影，如右图所示。

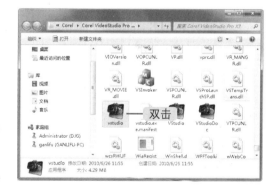

 提个醒： 如果在安装时更改了安装目录，那么这里的路径就应该是当时选择的文件夹。

2.4 会声会影X3的启动界面

用户要正确使用会声会影X3，首先还需要了解软件的各种功能界面。只有将这些基本的"元素"了解透彻，才能成为一个合格的视频达人。

2.4.1 启动导航界面

通过前面介绍的启动方法运行会声会影X3，此时会自动打开会声会影X3的软件启动导航界面。

(039)

在如右图所示的启动导航界面中，共分为"高级编辑"、"简易编辑"、"DV转DVD向导"、"刻录"4个快捷选项，单击不同的快捷选项可以让用户自由选择以何种方式进行视频编辑。

选　　项	说　　明
高级编辑	单击此选项，可以进入会声会影X3的编辑主界面。它提供对影片制作过程（从添加素材、标题、效果、覆叠和音乐，到在光盘或其他介质上进行最终影片输出）的完全控制
简易编辑	此功能模块类似之前版本中的"影片向导"模式。它可以帮助用户轻松地通过几个简单的步骤，简便地完成影片的制作
DV转DVD向导	通过DV转DVD向导，可以直接把DV中的视频输出到DVD光盘进行刻录
刻录	刻录功能类似于一个独立的刻录软件，让用户不但可以刻录视频文件，还可以将计算机中的其他各种文件刻录到光盘
宽银幕（16:9）	设置是否以宽屏模式显示编辑中的视频
不再显示此启动屏幕	设置是否显示当前的启动界面

2.4.2　设置宽银幕模式

会声会影X3支持是否以宽银幕模式进行视频的编辑，如果在启动界面中勾选了"宽银幕（16:9）"复选框，则会自动启动宽屏模式，如右图所示。

　一点通：如果在启动界面中取消该复选框的勾选，则会以传统的4:3模式进行视频显示。

2.4.3　取消启动界面的显示

进行视频编辑的大部分操作都是通过"高级编辑"功能实现的，而每次启动会声会影后都需要在启动界面中进行选择比较麻烦，此时可通过取消"启动界面"的显示来实现启动软件即自动进入高级编辑。

STEP 01 ❶勾选启动界面的"不再显示此启动屏幕"复选框，❷再单击"关闭"按钮，如下图所示。

STEP 02 再次启动会声会影X3，自动进入高级编辑主界面，如下图所示。

 一点通：如果以后需要重新开启启动界面，可以在编辑界面中单击"设置"菜单，选择"参数选择"命令，然后在"常规"选项卡中勾选"显示启动画面"复选框即可。

技能实训　注册并激活会声会影X3

第一次安装会声会影X3可以免费使用30天，30天以后需要进行购买。而对于已经购买正版软件的用户，这可以直接进行注册和激活操作。

实训目标

本技能的实训，可以让读者达到以下目标：

- 注册会声会影X3
- 激活会声会影X3

操作步骤

光盘同步文件　同步视频文件：光盘\视频教程\Chapter 02\技能实训.avi

1　注册会声会影X3

要正常使用会声会影X3软件，首先需要进行软件注册，步骤如下。

STEP 01 会声会影X3安装完成后，会自动弹出如下图所示的提示框，在这里单击"继续"按钮。

STEP 02 如果是第一次安装会声会影X3，❶在弹出的对话框左侧填入用户信息，❷单击"提交"按钮进行注册，如下图所示。

 提个醒：如果以前注册过Corel公司的会员，则这里不需要注册，直接按照第3步操作进行登录即可。

STEP 03 ❶输入注册时填写的用户名和密码，❷单击"登录"按钮，如下图所示。

STEP 04 弹出感谢注册提示框，单击"继续"按钮可进行软件激活，如下图所示。

2 激活会声会影X3

如果是已经购买了正版会声会影X3的用户，可以直接进行软件激活，步骤如下。

STEP 01 启动会声会影X3，此时自动弹出试用提示，如果是正版用户，直接单击左下角的"已经购买"按钮，如下图所示。

STEP 02 ❶输入正版光盘配套的软件序列号，❷单击"致电Corel"按钮，如下图所示。

提个醒：没有购买正版的用户，可以进行30天的免费试用，在这里直接单击"关闭"按钮即可。

STEP 03 查看Corel公司的服务中心电话号码，然后拨打这个电话，告知对方你的序列号，然后得到一组激活代码，如下图所示。

STEP 04 返回认证界面，在这里输入刚才拨打电话所获取的激活代码，然后单击"继续"按钮，如下图所示。

单击

STEP 05 如果输入信息正确，会弹出如右图所示的注册成功信息提示框。

 一点通：单击"保存至文件"按钮，可以将序列号和激活代码保存到计算机中；单击"立即打印"按钮，可以将序列号和激活代码打印到纸上以方便保存。

想一想，练一练

通过本章内容的学习，请读者完成以下练习题。

（1）安装会声会影X3软件。
（2）启动会声会影X3软件。
（3）进行会声会影X3软件的激活。
（4）设置以宽屏模式打开会声会影X3。

Chapter

03

会声会影四大利器

● 本章导读

　　会声会影X3与之前的各版本有很大的区别，它第一次将简易制作和光盘制作两个功能变成了单独的模块，令用户可以进行更好的视频影片设计。本章就来详细介绍新版本会声会影X3中的四大利器。

● 本章学完后应会的技能

- ● 掌握高级编辑器
- ● 熟悉简易影片向导
- ● 熟悉DV转DVD向导
- ● 熟悉快速刻录

● 本章多媒体同步教学文件

- 光盘\视频教程\Chapter 03\3-1-1.avi
- 光盘\视频教程\Chapter 03\3-2.avi
- 光盘\视频教程\Chapter 03\3-3-1.avi
- 光盘\视频教程\Chapter 03\3-4-1.avi
- 光盘\视频教程\Chapter 03\技能实训.avi

3.1 高级编辑器

会声会影X3的高级编辑器是用户进行视频创作的主要平台。它的重要性不言而喻，因此，本章将向大家详细地介绍会声会影编辑器的各项功能和使用方法，希望大家认真学习，为后面的学习打下坚实的基础。

3.1.1 启动高级编辑器

在学习会声会影X3的高级编辑器之前，首先还得了解如何启动高级编辑器，它的启动步骤如下。

光盘同步文件 同步视频文件：光盘\视频教程\Chapter 03\3-1-1.avi

STEP 01 启动会声会影X3，在启动界面中单击"高级编辑"选项图标，如下图所示。

STEP 02 稍等片刻，自动打开会声会影X3高级编辑器，如下图所示。

STEP 03 单击最右侧的 × 按钮，如右图所示，关闭弹出的Corel Guide窗口，即可显示高级编辑主界面。

 一点通： 第一次启动会声会影X3时会自动弹出Corel Guide窗口，用户可以在这里打开帮助中心和下载一些软件模板素材。

3.1.2 高级编辑器的界面布局

会声会影X3的高级编辑器界面主要由菜单栏、步骤面板、预览窗口、导航面板、素材库、素材库面板、选项面板、工具栏以及视图窗口几大板块构成，如下图所示。

菜单栏　　　　　　　　　步骤面板

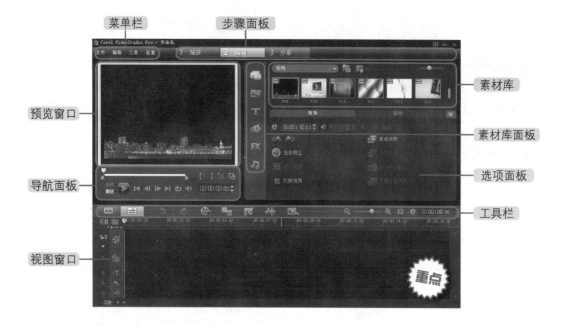

预览窗口

素材库

素材库面板

导航面板

选项面板

工具栏

视图窗口

1 菜单栏

在会声会影X3中，菜单栏包含了大部分主要的功能按钮，以及对工作区中其他部件进行控制的命令选项。菜单栏中每一个栏目下面都集合有不同的选项，用户可以根据自己的需求选择不同的功能选项，如右图所示。

2 步骤面板

这里根据视频编辑的步骤顺序列出了捕获、编辑和分享3个步骤，单击步骤图标，即可自动切换到相应的操作面板，如右图所示。

 提个醒：在会声会影X3以前的版本中，步骤面板中包含多达7个步骤选项，现在被精简为3个，可以更加方便用户进行视频的编辑。

3 预览窗口

在会声会影X3的预览窗口中，显示了当前素材、视频滤镜、效果或标题的预览画面，方便用户观看合成后的影片或者相册效果，如右图所示。

4 导航面板

位于预览窗口的下方，在"捕获"步骤中，它主要用于DV或HDV摄像机的设备控制；在"编辑"步骤中，提供一些用于回放和精确修整素材的按钮，如右图所示。

5 素材库

素材库主要用来保存制作影片项目中所需要的素材文件，包括视频素材、视频滤镜、音频素材、静态图像、各种特效等，这些内容统称为媒体素材，分类保存在素材库中，如右图所示。

6 素材库面板

素材库面板是会声会影X3新增加的版块，它根据媒体类型进行分类，主要分为媒体、转场、标题、图形、滤镜和音频6种。选择不同类型版块，右侧素材库即会显示当前所选类型的所有素材，如右图所示。

7 选项面板

选项面板中包括各类控件、按钮和其他信息，它可用于自定义所选素材，此面板根据素材的不同，会呈现出不同的素材设置选项。每个选项卡中的控制和选项都不同，具体取决于所选择的项目素材，如右图所示。

8 工具栏

工具栏包含一些快捷的工具按钮和功能，从左到右依次是：故事板视图、时间轴视图、撤销、重复、录制/捕获选项、成批转换、绘图创建器、混音器、即时项目按钮，以及最右侧的视图缩小/放大、项目默认缩放、项目区间定位等功能，如下图所示。

9　视图窗口

视图窗口是会声会影X3的主要工作区，可用于精确处理影片。它由故事板视图和时间轴视图构成，单击工具栏左侧的视图按钮，可以在不同的视图之间进行切换，如下图所示。

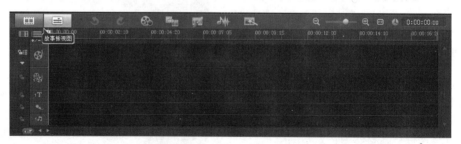

 提个醒：会声会影X3取消了以前的音频视图，只保留了故事板视图和时间轴视图两种模式。

3.1.3　菜单栏

菜单栏中提供了会声会影X3常用的文件、编辑、工具以及设置的命令集合，以帮助用户更好地对会声会影X3进行操作。

1　"文件"菜单

"文件"菜单中主要包含了文件项目的一些基本操作，如新建、打开、保存项目，项目属性调整、项目参数设置等，详细参数如右图所示。

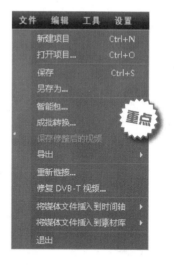

选　项	说　明
新建项目	选择"新建项目"命令，可以建立新的影片项目文件。如果当前工作区中有尚未保存的项目，则软件会提示是否进行保存
打开项目	选择"打开项目"命令，在弹出对话框中选择需要打开的项目文件（后缀名为*.VSP），然后单击"打开"按钮，可打开保存的影片项目文件

 提个醒：如果当前工作区中有尚未保存的项目，则软件会出现消息提示用户是否进行保存。

选　　项	说　　明
保存	选择"保存"命令，直接保存当前工作区中的项目文件。如果是第一次保存，会弹出"另存为"对话框
另存为	选择"另存为"命令，弹出"另存为"对话框，在这里允许用户自定义项目文件的保存地址和名称

 提个醒： 保存项目文件后，不要改变项目中使用的所有素材在硬盘上的名称和保存位置，否则在重新打开该项目文件时会提示链接丢失，并要求重新链接丢失的素材。

选　　项	说　　明
智能包	允许用户备份在项目中使用的所有素材和项目文件，并将它们编译在指定的文件夹中
成批转换	选择该命令打开"成批转换"对话框，用户可以在这里选择不同文件格式的多个视频文件，然后将其转换为另一种视频文件格式
保存修整后的视频	选择该命令可以直接保存修整后的视频文件信息，而不用单独进行分享输出
导出	将编辑的视频文件导出为录制影片、网页所支持视频、屏幕保护等
重新链接	有时候用户将包含源文件的文件夹转移到另一个位置，导致素材库中的缩略图提示找不到素材，此时就可以应用"重新链接"功能来自动查找源文件的新位置
修复DVB-T视频	选择该命令会打开"修复DVB-T视频"对话框，它可以帮助用户从捕获的视频中恢复丢失的数据
将媒体文件插入到时间轴	允许用户将视频、DVD/DVD-VR、图像或音频等素材插入相应的轨道中
将媒体文件插入到素材库	允许用户将视频、DVD/DVD-VR、图像或音频等素材插入相应的素材库中
退出	关闭会声会影X3软件

2 编辑菜单

　　"编辑"菜单中提供了在制作视频过程中，进行任务撤销、重复，素材复制、粘贴删除，以及对素材的各种编辑命令，如下图所示。

选　项	说　明
撤销	取消最近的一步操作（最多99步）
重复	重新执行上一次撤销的操作（最多99步）
复制	将当前所选媒体素材复制到剪贴板中备用
复制属性	将当前素材的应用属性复制到剪贴板中
粘贴	将剪贴板中复制的媒体素材粘贴到所选素材库文件夹中
粘贴属性	将复制的素材属性直接粘贴到其他素材中进行属性应用
删除	将当前选中的素材从所选轨道或者素材库文件夹中清除
更改照片/色彩区间	直接修改图像和色彩素材的播放时间
抓拍快照	抓取当前视频中的某一帧作为图像
自动摇动和缩放	为素材应用自动摇晃的视觉效果
多重修整视频	选择该命令以打开"多重修整视频"对话框，在这里可以从视频素材中选择需要的片段进行拆分
分割素材	让用户根据需要自由分割当前所选择的素材
按场景分割	按照拍摄场景的变化自动进行素材的分割
分割音频	将所选视频素材的音频部分单独分割出来
回放速度	调整当前素材的播放区间长短，从而形成快放和慢放的效果

提个醒：会声会影X3将之前版本中单独存在的"编辑"和"素材"菜单整合到了"编辑"菜单中。

3 "工具"菜单

"工具"菜单中提供了会声会影操作过程中一些额外的辅助程序工具，如下图所示。

工具	设置	1 捕获
VideoStudio Express 2010...		
DV 转 DVD 向导...		
DVD Factory Pro 2010...		
绘图创建器...		

选　项	说　明
VideoStudio Express 2010	单击可以启动VideoStudio 2010，也就是启动会声会影X3的简易编辑模式
DV转DVD向导	启动会声会影X3的DV转DVD向导
DVD Factory Pro 2010	启动会声会影X3的刻录功能
绘图创建器	启动"绘图创建器"程序编辑器，它可以帮助用户创建自定义动画

提个醒：除了绘图创建器外，其他3项都是会声会影启动界面中的功能，只不过启动方式不一样而已。

"设置"菜单

"设置"菜单中主要提供了会声会影X3的一些参数设置命令，具体的命令列表如右图所示。

提个醒： 在会声会影X3之前的软件版本中，这些命令都分散在"文件"菜单、工具栏以及视图窗口中。

选　项	说　明
参数选择	选择后会打开"参数选择"对话框，在这里可以自定义会声会影X3的工作环境
项目属性	显示包含有关当前打开文件的信息属性对话框，用户可以进行自由编辑
启用5.1环绕声	选择后可启用5.1环绕立体声

一点通： 5.1环绕声是一种先进的立体声重放方式，它能够让听者误以为前后左右都被声音所包围，从而产生优越的听觉效果。

选　项	说　明
智能代理管理器	可以进行智能代理功能的开启和设置

一点通： 会声会影的智能代理功能会自动为高质量的视频文件建立低解析度的视频代理，用以在编辑器中读取编辑。由于所有的操作都是针对代理视频进行的，因此就大大提升了渲染输出的操作速度，节省了系统资源的耗费。

选　项	说　明
素材库管理器	选择后会自动操作列表，主要用于让用户在素材库中创建自定义媒体文件夹，同时也可以对库文件进行备份或者恢复操作
制作影片模板管理器	用于创建和管理影片模板，这些模板主要包含了文件格式、帧速率、压缩率等信息

提个醒： 在用户切换到"分享"步骤中进行文件视频的创建时，就可以使用这里自定义创建的模板。

选　项	说　明
轨道管理器	通过此管理器可以显示或者隐藏轨道
章节点管理器	选择后打开"章节点管理器"，可以让用户在影片中设置章节点，也可以进行章节点的删除、重命名等操作
提示点管理器	选择后打开"提示点管理器"，可以让用户在影片中设置提示点，也可以进行提示点的删除、重命名等操作

3.1.4　视频影片预览播放器

影片预览播放器由预览窗口和导航面板组成，主要用于影片的预览播放和进度调整。对导航面板的各种操作，会即可显示在预览窗口中，如右图所示。

下面分别为大家介绍导航面板中各工具按钮的含义。

选　　项	说　　明
修整拖柄	拖动此滑块，可以进行视频节目的定位，用于设置项目的预览范围或修整素材
擦洗器	允许在项目或素材之间拖曳，用于预览视频，辅助修整拖柄进行视频的修整
开始标记/结束标记	使用这两个按钮可以在项目中设置预览范围，或标记素材修整的开始点和结束点
剪切素材	根据擦洗器或者标记的位置，将所选素材剪辑为两部分
扩大	单击可放大显示预览窗口。扩大预览窗口时只能预览，而不能编辑素材
播放模式	选择是要预览所有项目还是只预览所选素材
播放	播放当前项目或所选素材
暂停	暂停当前项目或所选素材的播放，只有在单击▶按钮后才会出现
起始	单击返回起始帧
上一帧	单击移动到上一帧
下一帧	单击移动到下一帧
结束	单击移动到结束帧
重复	单击后进行循环播放
音量	单击并拖动滑动条，可调整计算机扬声器的音量
00:00:02:24 时间码	通过指定确切的时间码，可以直接跳到项目或所选素材的某个部分

1　直接播放素材库中的视频

在会声会影 X3中，素材是指素材库或添加到时间轴上的视频、图像和音频等元素。下面来介绍它们的播放方法。

STEP 01 在素材库中选择一段要播放的视频素材，如下图所示。

STEP 02 在左侧预览窗口显示当前所选内容，单击导航面板的"播放"按钮，即可播放视频，如下图所示。

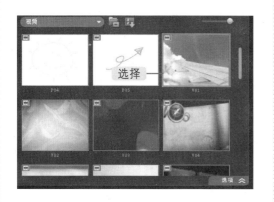

 一点通： 对于其他动态素材的播放方法，其操作都是一样的。

2 播放指定区间内的视频

　　有时用户并不需要浪费过多的时间观看整个项目，而只需要观看编辑之后的其中一段，此时需要调整预览区域，从而节省观看项目或者素材的时间。

STEP 01 ❶ 在故事板视图或者时间轴视图中选择要播放的视频，❷ 在导航面板中拖曳擦洗器调节视频的起始播放位置，如右图所示。

提个醒： 单击故事板视图或者时间轴视图中的视频，在预览窗口中即可即时显现当前视频内容。

STEP 02 ❶ 当拖曳到需要播放的位置时，❷ 单击"开始标记"按钮开始标记播放的起始位置，如下图所示。

STEP 03 ❶ 继续拖曳擦洗器调节视频播放的结束位置，❷ 单击"结束标记"按钮完成视频指定区域的标记工作，如下图所示。

STEP 04 单击"播放"按钮，此时软件只会自动播放已标记区域内的视频内容。

3.1.5 素材库

素材库位于会声会影编辑器右侧区域，它包含了多种多样的元素。会声会影X3中新增加了素材库面板，通过它可以使用户更快捷地选择所需要的素材库类型，如右图所示。

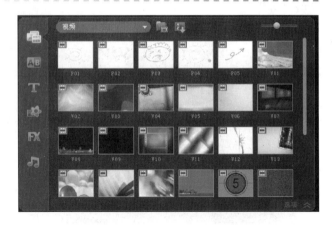

素材库各功能选项如下。

选　项	说　明
视频　　　　▼ 画廊	这里包含了当前素材库中的媒体素材
添加	单击可以将计算机中的各种媒体添加到对应素材库中
对素材库中的素材排序	对素材文件进行排序
滑块	用于控制素材库的缩略图大小

1 选择不同的素材库

素材库中包含了视频素材、图像素材、音频素材、视频滤镜、转场效果、音乐文件、标题、色彩素材等众多元素。会声会影X3允许用户自由选择需要的选项，具体步骤如下。

STEP 01 启动会声会影编辑器，默认打开"视频"素材库，此时单击"素材库面板"中的图标，即可切换到当前类素材库，如这里单击"转场"图标，则自动切换到"转场"素材库，如下图所示。

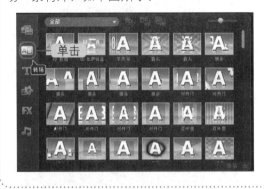

STEP 02 有些类型的素材库分为多个种类，如转场、滤镜等，都根据效果分为很多小的分类，要选择其中之一，❶单击"画廊"右侧的倒三角按钮，❷选择小分类，如下图所示。

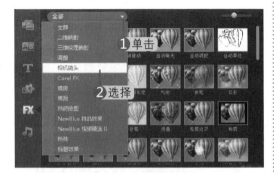

2 添加素材到素材库

素材库中包含了众多素材元素，同时会声会影X3也允许用户自由添加其他素材到素材库中，具体步骤如下。

STEP 01 启动会声会影编辑器，要添加哪种素材，就切换到相应的素材库，然后单击"添加"按钮，如下图所示。

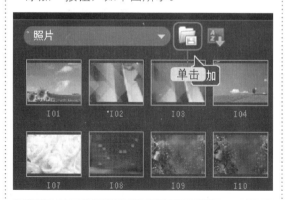

提个醒：能添加的素材主要是视频、图像和音频这3种，而其他类型，如标题、转场效果等，则只能通过官方网站上下载模板的方式进行添加。

STEP 02 在"浏览照片"对话框中，❶选择要添加的素材，❷单击"打开"按钮，如下图所示。

STEP 03 添加的图像素材自动排列在图像素材库的最后方位置，如右图所示。

 一点通：在磁盘文件夹中选择要添加的素材，然后直接拖曳到相应素材库中也可以执行素材的添加操作。

3 修改素材库中素材的名称

素材库中的素材太多，名字杂乱无章，很不易识别，此时可通过下面的方法来修改素材名称。

STEP 01 选择前面刚添加的图像素材，如下图所示。

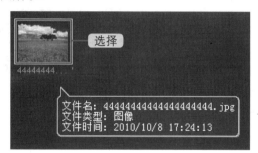

STEP 02 用鼠标单击下方的显示名称，出现输入框后，直接输入新名称即可，如下图所示。

4 对素材进行排序

素材库中的素材过多，会显得杂乱，此时可以单击素材库上方的"排序"按钮，然后选择按名称或者日期的方式来进行排序，即可重新整理这些素材的显示位置。

3.1.6 工具栏

会声会影X3的工具栏集合了一些常见的功能按钮，它们主要用于控制时间轴上素材的显示比例、添加素材、撤销/重复以及其他一些相关属性设置等。下面分别为大家介绍各工具按钮的含义。

选 项	说 明
故事板视图	在时间轴上显示影片的图像缩略图
时间轴视图	用于对素材执行精确到帧的编辑操作
撤销	用于撤销上一操作
重复	用于重复撤销的操作
录制/捕获选项	单击此图标后，会打开"录制/捕获选项"对话框，在这里可以选择各种类似于捕获操作面板的命令选项，帮助用户快速进行外部素材的获取
成批转换	主要用于帮助用户进行视频格式的转换
绘图创建器	一个用于进行自定义绘画，并将此绘画过程录制成视频的程序
混音器	用于调节视频以及音频中的声音效果
即时项目	在这里可以添加软件自带的动画模板到当前素材中
项目大小调整控件	用于更改时间轴标尺中的区间大小
将项目调到时间轴面板大小	在时间轴上显示全部项目素材
0:00:08:19 项目区间	显示当前素材的播放时间长度

3.1.7 视图模式

会声会影X3提供了两种不同的视图模式，用户可以根据自己的喜好，单击时间轴上方工具栏最前面的两个按钮，进行故事板视图和时间轴视图的切换。

1 故事板视图

单击工具栏的■按钮即可切换到故事板视图，其中的每个缩略图都代表影片中的一个事件，即项目素材。

如果在项目之间添加了转场等效果，则还会在两个大的缩略图中间出现一个小的缩略图来进行表示，如右图所示。

通过拖曳的方式，用户可以在缩略图中插入视频、图像等素材，也可以添加转场效果，同时排列其顺序。用户还可以直接在故事板中通过单击鼠标右键来打开菜单进行素材的添加。

每个素材的区间都显示在每个缩略图的底部，概要地显示项目中各事件的时间顺序。

 一点通：故事板视图是将各种素材添加到影片中进行编辑的最简单、快捷的方法。

2 时间轴视图

单击工具栏的 ▭ 按钮可切换到时间轴视图，它为影片项目中的元素提供最全面的显示。

时间轴视图按视频、覆叠、标题、声音和音乐将项目分成不同的轨，分别是视频轨、覆叠轨、标题轨、声音轨、音乐轨，如下图所示。不同轨道所包含的含义如下。

选 项	说 明
视频轨	主要包含视频、图像等素材和转场效果等
覆叠轨	主要包含了覆叠素材，可以是视频、图像或色彩等素材
标题轨	包含各类标题文本
声音轨	包含声音旁白素材
音乐轨	包含各种音频文件素材

时间轴视图是一种比故事板视图更高级的编辑模式，它可以使编辑人员以帧为单位来编辑视频素材，是用户精确编辑视频时的最佳形式。时间轴视图中主要包含如下功能选项。

选 项	说 明
显示全部可视化轨道	单击此按钮，可以显示项目中的所有轨道
轨道管理器	单击可以打开"轨道管理器"，在这里可以开启和取消需要使用的轨道
添加/删除章节点	单击可在影片中设置章节或提示点
启用/禁用连续编辑	单击可以启用或者禁用连续编辑功能。如果启用，则可以选择要应用该选项的轨
自动滚动时间轴	单击可自动滚动时间轴
向后/向前滚动	单击可向后/向前滚动时间轴

一点通： 时间轴编辑模式可以准确地显示出事件发生的时间以及位置，通过此模式可以非常精确地对各类素材进行细致的编辑。

3.2 简易影片向导

会声会影X3提供了简易影片编辑功能，它是一套非常简洁、易操作的处理程序，能够帮助摄影爱好者直接将拍摄的影片片段输出为如同好莱坞电影般的效果，而无须经过过多的处理。

 光盘同步文件 同步视频文件：光盘\视频教程\Chapter 03\3-2.avi

3.2.1 影片向导的启动及功能

会声会影X3软件的简易编辑功能可以通过几个简单的步骤即制作出专业的影片。下面首先介绍它的启动方法。

STEP 01 启动打开会声会影X3，在启动面板中单击"简易编辑"选项图标，如下图所示。

STEP 02 稍等片刻，自动打开会声会影X3简易编辑器Corel VideoStudio 2010，如下图所示。

Corel VideoStudio 2010的主要功能就是通过几个简单的步骤，创建出优美的视频，它的主要功能都集中在最上部的功能菜单中，分别为导入、创建、打印和共享。

1 导入

将鼠标放到"导入"功能图标上，会自动弹出导入功能选项，它几乎支持与高级编辑一样的捕获种类，如我的电脑、光盘、内存卡、摄像头、手机、DV摄像机等，如右图所示。

2 创建

将鼠标放到"创建"功能图标上，会自动显示"电影"命令，如右图所示，单击可以打开创建向导对话框，用户可以在这里轻松进行影片的编辑。

3 打印

Corel VideoStudio 2010的打印功能可以帮助用户将图像素材直接打印到纸质或者光盘卷标介质中，如右图所示。

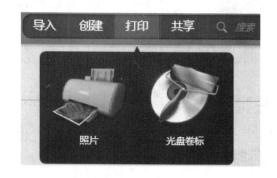

4　共享

Corel VideoStudio 2010的共享功能十分强大，不但可以直接存储到计算机，还可以支持直接导出视频到YouTube、Vimeo、Facebook视频网站中，如右图所示。

3.2.2　添加影片素材

要进行电影制作，首先需要找到合适的素材。在会声会影简易影片向导中，获取素材的方法很多，下面以实例方式进行介绍。

STEP 01 启动会声会影简易编辑器，❶单击"导入"功能图标，❷选择一种导入方式，如选择"移动电话"，如下图所示。

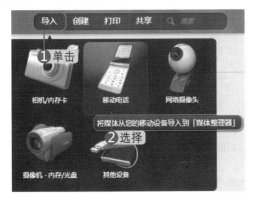

STEP 02 此时会显示当前设备中的所有素材，❶选择需要添加的素材，❷单击"导入"按钮进行导入，如下图所示。

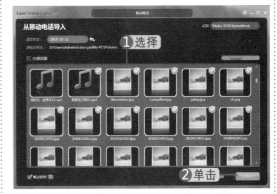

STEP 03 稍等片刻，提示导入成功，单击"确定"按钮完成素材导入，如下图所示。

STEP 04 导入的素材内容将会显示在右侧的素材库中，如下图所示。

3.2.3 编辑视频

上一小节介绍了如何添加影片素材，本小节我们来学习视频的编辑方法。

STEP 01 返回主界面，❶单击"创建"功能图标，❷单击"电影"图标，如下图所示。

STEP 02 打开创建电影编辑界面，在这里依次选择项目名称、输出格式、项目类型等，如下图所示。

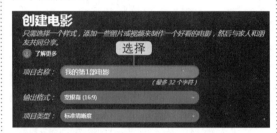

STEP 03 ❶为影片选择一种样式，❷单击"选择照片和视频"图标，如下图所示。

STEP 04 ❶在素材库中框选前面添加的素材，❷拖曳到下方的创建电影编辑界面，❸单击"转至电影"按钮，如下图所示。

STEP 05 在新打开的编辑窗口中，❶双击预览窗右下侧的标题文字，重新输入中文标题，❷在打开的设置框中设置文字属性，如下图所示。

STEP 06 在下方设置影片的样式、标题、配乐、画外音等属性，确认无误后，直接单击右侧的"输出"按钮，如下图所示。

 提个醒：具体的样式、标题、配音等设置内容，将在本书后续章节中进行详细介绍。

3.2.4 输出自制影片

完成影片的导入和编辑后，最后的过程就是进行视频输出，下面来介绍具体的操作步骤。

STEP 01 进入软件输出界面，选择一种影片输出方式，这里单击"文件"图标，如下图所示。

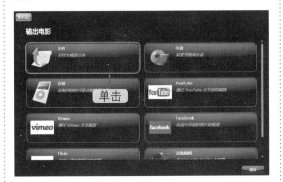

STEP 02 ❶ 设置输出影片文件的名称、位置以及视频格式，❷ 单击右下侧的"保存"按钮，如下图所示。

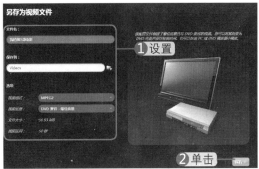

STEP 03 系统自动开始影片的渲染，如下图所示。

STEP 04 渲染成功，单击"确定"按钮完成影片制作，如下图所示。

3.3 DV转DVD向导

"DV转DVD向导"可以让用户方便地将DV磁带中的拍摄内容创建为影片，同时将该影片刻录到DVD光盘上。这对于不需要对影片进行剪辑，想快速创建影视光盘的朋友来说非常适用。

3.3.1 启动"DV转DVD向导"

"DV转DVD向导"适用于老式的卡带式DV摄像机，它可以方便大家从DV磁带的内容上创建影片，然后将影片直接刻录到光盘上。

◎ **光盘同步文件** 同步视频文件：光盘\视频教程\Chapter 03\3-3-1.avi

STEP 01 启动打开会声会影X3，在启动面板中单击"DV转DVD向导"选项图标，如下图所示。

STEP 02 稍等片刻，自动打开会声会影"DV转DVD向导"主界面，如下图所示。

3.3.2 "DV转DVD向导"界面

如果已经连接摄像机和计算机，此时在"扫描/捕获设置"选项下的设备中会自动出现连接的DV摄像机设备，同时在预览窗口中会出现拍摄画面的预览图像，如下图所示。

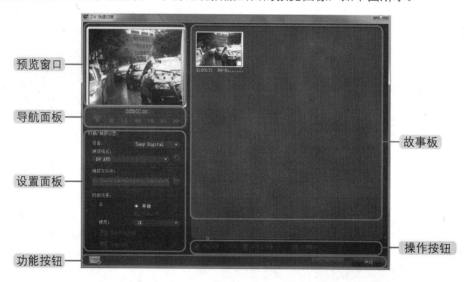

选　项	说　明
预览窗口	预览窗口中显示了当前DV摄像机中拍摄的视频画面
导航面板	可以进行播放、停止、暂停、快进/快退等操作，协助预览窗口，用于观察想要进行刻录的视频效果
设置面板	当连接DV摄像机和计算机后，这里会显示当前的DV设备，同时还可以进行视频的扫描和捕获等设置

提个醒：DV摄像机通常提供了SP和LP两种视频录制模式，其中SP（Standard Play）模式是指标准录制模式，在这种模式下，磁带以标准速度运行，所记录的影像可以达到标准的清晰度水平；LP（Long Play）是指压缩录制模式，它可以在SP的基础上延长用户录制视频的时间，但会影响到影像的清晰度。

选 项	说 明
功能按钮	单击此按钮，可以选择"打开DV快速扫描摘要"、"保存DV快速扫描摘要"和"以HTML格式保存DV快速扫描摘要"功能，前面两个功能用以打开或保存扫描的文件，从而在导入时不必再次扫描；后面一个功能可以打印HTML文件并将其附加到磁带中，从而对大量的磁带进行管理
故事板	当用户完成扫描场景操作后，在故事板中会显示DV磁带中所包含的影片场景片段
操作按钮	通过这些按钮可以对场景进行标记和删除操作

3.3.3 刻录DV视频节目

　　用户只需要连接DV摄像机与计算机，然后在打开的DV转DVD向导中进行简单设置，即可将整个DV磁带中的视频都刻录成DVD光盘。

STEP 01 连接DV到计算机，然后切换模式为（VCR）播放模式，如下图所示。

STEP 02 启动会声会影X3的DV转DVD向导，❶在"设备"列表中选择要捕获的设备，❷在"捕获格式"列表中选择要捕获的视频格式。

 一点通：视频格式介绍可参见本书第1章内容。这里建议用户选择占用空间小、质量好的格式来进行捕获操作。

STEP 03 ❶继续设置捕获文件夹的位置，以及场景位置和速度，❷完成后单击"开始扫描"按钮，如下图所示。

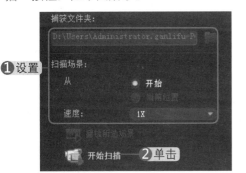

STEP 04 扫描完成后，右侧的故事板中会显示DV磁带中所拍摄的视频场景缩略图，如下图所示。

STEP 05 选择要进行刻录的视频，然后直接单击"下一步"按钮进入刻录界面，按照提示进行刻录即可。

 提个醒：具体的刻录方法将在本书后续章节中进行详细介绍。

3.4 快速刻录

会声会影X3提供了一个专业的刻录软件DVD Factory Pro 2010，通过它可以对光盘进行高级的编辑，并帮助用户轻松实现刻录功能。

⠿ 3.4.1 启动"刻录"功能界面

DVD Factory Pro 2010允许用户导入视频项目，并自定义创建自己的光盘菜单，来制作更具个人特色的光盘。下面来学习它的启动方法。

> ◎ **光盘同步文件** 同步视频文件：光盘\视频教程\Chapter 03\3-4-1.avi

STEP 01 启动会声会影X3，在启动面板中单击"刻录"选项图标，如下图所示。

STEP 02 稍等片刻，自动打开会声会影DVD Factory Pro 2010，如下图所示。

DVD Factory Pro 2010与会声会影简易编辑软件Corel VideoStudio 2010的主界面基本一样，不同的是上方的功能菜单中多了"复制"功能图标，并且原来"创建"功能中的电影选项命令也变成了创建各类光盘。

1 创建

将鼠标放到"创建"功能图标上，会自动显示DVD Factory Pro 2010所支持的光盘刻录类型，如右图所示。

2 复制

将鼠标放到"复制"功能图标上面，会自动显示DVD Factory Pro 2010所支持的媒体文件复制类型，它可以帮助用户将计算机中的文件原封不动地复制到所支持的硬件设备中，如右图所示。

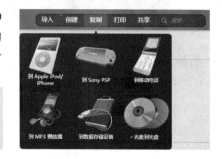

> 🔑 **一点通**：DVD Factory Pro 2010和Corel VideoStudio 2010是通用的，前面在Corel VideoStudio 2010中导入的文件，打开DVD Factory Pro 2010依然存在。

3.4.2　刻录光盘

下面来学习如何在DVD Factory Pro 2010中进行光盘的刻录。

STEP 01 ❶单击"创建"功能图标，❷单击"视频光盘"图标，如下图所示。

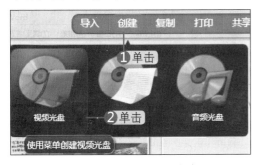

STEP 02 打开创建电影编辑界面，在这里设置项目名称、选取光盘格式和项目格式，如下图所示。

STEP 03 ❶为光盘选择一种样式，❷单击"选择照片和视频"按钮，如右图所示。

STEP 04 ❶在素材库中框选要添加的素材，❷拖曳到下方创建电影的编辑界面，❸单击"转至菜单编辑"按钮，如下图所示。

STEP 05 打开光盘刻录界面，❶将鼠标移动到右侧，出现设置框时进行自定义设置，❷在预览窗口中可以预览当前的视频效果，❸确认无误后，直接单击右下角的"刻录"按钮即可，如下图所示。

3.4.3　复制到移动设备

DVD Factory Pro 2010除了能够快速刻录光盘外，也支持将计算机中的媒体文件直接刻录到各种硬件设备，这里以复制歌曲到移动硬盘的方法为例介绍具体的操作步骤。

STEP 01 返回主界面，❶单击"复制"功能图标，❷单击"到数据存储设备"图标，如下图所示。

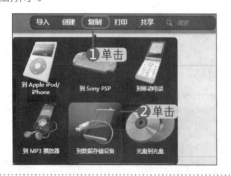

STEP 02 在打开的编辑界面中，❶从上方的素材库中选择要复制的文件，❷拖曳到下方的故事板视图，如下图所示。

STEP 03 在右侧单击"转到设置"按钮，如下图所示。

STEP 04 查看当前添加的文件，确认是否需要再次添加，无误后单击右侧的"开始复制"按钮，如下图所示。

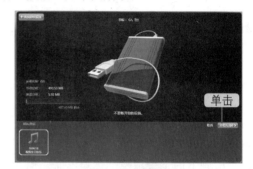

STEP 05 稍等片刻，完成后会弹出复制文件成功提示，单击"确定"按钮即可，如右图所示。

 提个醒：目前大多数外部设备都是通过USB进行连接的，它支持热插拔，方便用户通过会声会影X3进行快速的文件传输。

技能实训　自定义素材库

会声会影X3不但支持用户使用默认的素材库，用户还可以自建素材库，管理素材库。下面以在图片库中新建图像素材库为例进行介绍。

▶ 实训目标

本技能的实训，让读者达到以下目标：

- 学会新建素材库
- 学会编辑素材库
- 学会整理收藏的网站

→ **操作步骤**

◎ **光盘同步文件** 同步视频文件：光盘\视频教程\Chapter 03\技能实训.avi

STEP 01 ❶启动会声会影编辑器，单击"画廊"右侧的倒三角按钮，❷选择"库创建者"选项，如下图所示。

STEP 02 弹出"库创建者"对话框，❶在"可用的自定义文件夹"下选择类型，这里选择"照片"，❷单击"新建"按钮，如下图所示。

STEP 03 ❶输入新建素材库的名称和描述信息，❷单击"确定"按钮，如下图所示。

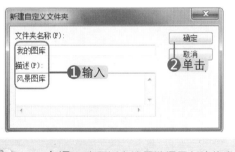

 一点通：也可以在这里选择已新建的素材库进行名称更改、删除等编辑操作。

STEP 04 返回"库创建者"对话框，单击"关闭"按钮，如下图所示。

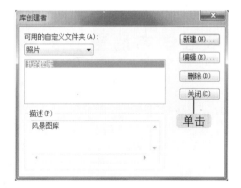

STEP 05 完成自定义素材库的创建后，以后就可以直接将计算机中的图像素材添加到这个素材库中了。

■■■ **想一想，练一练** ■■■

通过本章内容的学习，请读者完成以下练习题。

（1）熟悉并掌握高级编辑器的界面及应用。
（2）了解简易影片向导的使用。
（3）了解DV转DVD向导的使用。
（4）了解会声会影快速刻录的方法。
（5）整理会声会影素材库。

Chapter

04

视频素材的捕获

● 本 章 导 读

　　会声会影X3中自带了许多专业视频、图像和音频等素材。为了满足用户对视频编辑的需求，很多时候还需要捕获一些其他素材到编辑器中进行工作，本章将详细介绍视频素材的捕获。

● 本 章 学 完 后 应 会 的 技 能

- ● 了解视频捕获前的准备工作
- ● 从硬件设备捕获视频
- ● 从光盘中捕获视频
- ● 从移动设备中捕获视频

● 本 章 多 媒 体 同 步 教 学 文 件

- 🕐 光盘\视频教程\Chapter 04\4-1-1～4-1-5.avi
- 🕐 光盘\视频教程\Chapter 04\4-2-1.avi
- 🕐 光盘\视频教程\Chapter 04\4-3-1.avi、4-3-2.avi
- 🕐 光盘\视频教程\Chapter 04\4-4-1.avi
- 🕐 光盘\视频教程\Chapter 04\技能实训.avi

4.1 视频捕获前的准备工作

捕获和编辑视频对计算机来说都是一项相当耗费资源的工作，因此在进行视频捕获之前，我们要进行一些合理的计算机设置，以便用户在视频编辑过程中能够游刃有余。

4.1.1 设置工作文件夹

为了避免在捕获视频的过程中出现磁盘空间不足的情况，应当将工作磁盘重新设置到系统盘以外的其他空间，方法如下。

◎ **光盘同步文件** | 同步视频文件：光盘\视频教程\Chapter 04\4-1-1.avi

STEP 01 打开会声会影X3，❶单击"设置"菜单，❷选择"参数选择"命令，如下图所示。

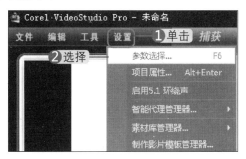

STEP 02 打开"参数选择"对话框，在"常规"选项卡下，单击"工作文件夹"右侧的按钮，如下图所示。

STEP 03 打开"浏览文件夹"对话框，❶选择会声会影X3的新工作文件夹，❷单击"确定"按钮，如下图所示。

STEP 04 返回"参数选择"对话框，确认新文件夹的路径无误，然后单击"确定"按钮，如下图所示。

▓▓▓ 4.1.2 设置虚拟内存大小

更改虚拟内存值的大小，可以在系统资源消耗过大、内存不足时，调用磁盘空间来作为临时的内存进行数据处理，避免进行捕获操作时因为内存不足而造成捕获失败。

◎ **光盘同步文件**　同步视频文件：光盘\视频教程\Chapter 04\4-1-2.avi

STEP 01 ❶用鼠标右击"计算机"图标，❷在弹出的快捷菜单中选择"属性"命令，如下图所示。

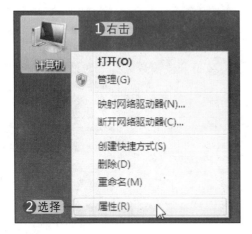

STEP 02 打开"系统"窗口，单击左侧列表中的"高级系统设置"文字链接，如下图所示。

STEP 03 打开"系统属性"对话框，❶切换到"高级"选项卡，❷单击"性能"区域中的"设置"按钮，如下图所示。

STEP 04 打开"性能选项"对话框，❶切换到"高级"选项卡，❷单击"虚拟内存"区域中的"更改"按钮，如下图所示。

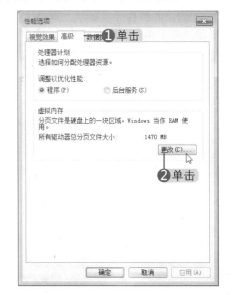

STEP 05 打开"虚拟内存"对话框，❶取消勾选"自动管理所有驱动器的分页文件大小"复选框，❷在"驱动器"列表中选择要设置虚拟内存的磁盘分区，❸选中"自定义大小"单选按钮，❹分别输入初始大小与最大值，❺单击"设置"按钮，如下图所示。

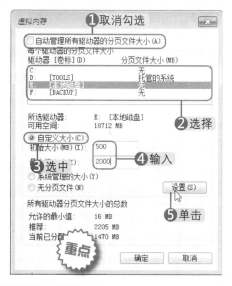

STEP 06 为一个磁盘设置虚拟内存后，按照同样的方法继续为其他磁盘分区设置虚拟内存，设置完毕后单击"确定"按钮，如下图所示。

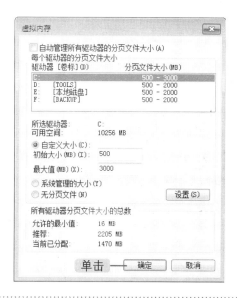

STEP 07 在弹出的"系统属性"对话框中单击"是"按钮，如下图所示。

STEP 08 在接着弹出的提示框中继续单击"确定"按钮，如下图所示，然后重启计算机，设置的虚拟内存即可生效。

 一点通：如果某个磁盘的空闲空间比较多，可以单独设置较大的虚拟内存，而不一定每个磁盘都进行设置。

4.1.3　禁用磁盘的写入缓存

　　磁盘缓存功能可以在系统读取大量数据时将数据放入缓存，等待有时间时再进行写入读取操作，而这项功能会造成我们在视频捕获时画面抖动或者丢帧，所以需要进行禁用。

光盘同步文件　　同步视频文件：光盘\视频教程\Chapter 04\4-1-3.avi

STEP 01 打开"系统属性"对话框，❶切换到"硬件"选项卡，❷单击"设备管理器"按钮，如下图所示。

STEP 02 打开"设备管理器"窗口，双击当前磁盘选项，如下图所示。

STEP 03 ❶切换到"策略"选项卡，❷取消勾选"启用设备上的写入缓存"复选框，❸单击"确定"按钮，如右图所示。

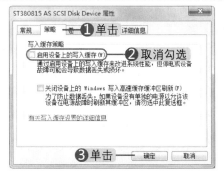

4.1.4 释放占用的磁盘空间

计算机在使用过程中会产生一些临时文件，这些文件会占用一定的磁盘空间，并影响到系统的运行速度，因此当计算机使用一段时间后，用户就应当对系统磁盘进行一次清理，将这些垃圾文件从系统中彻底删除。

光盘同步文件 同步视频文件：光盘\视频教程\Chapter 04\4-1-4.avi

STEP 01 ❶用鼠标右击要清理的磁盘，❷在弹出的快捷菜单中选择"属性"命令，如下图所示。

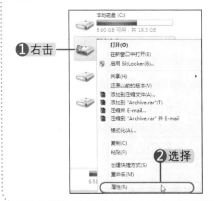

STEP 02 打开"TOOLS（D:）属性"对话框，❶切换到"常规"选项卡，❷单击"磁盘清理"按钮，如下图所示。

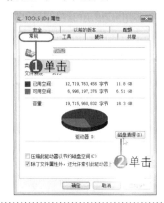

STEP 03 系统将开始计算可以在当前磁盘中释放出多少空间，用户需要略作等待，如下图所示。

STEP 04 计算完毕后，打开"磁盘清理"对话框。❶在"要删除的文件"列表中勾选要清理的文件类型，❷单击"确定"按钮，如下图所示。

STEP 05 在弹出的提示框中单击"删除文件"按钮，如下图所示，即开始清理所选的垃圾文件，清理完毕后对话框会自动关闭。

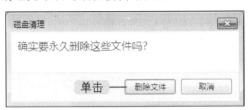

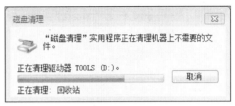

4.1.5 关闭系统常驻程序

为了保证在捕获视频时不会由于其他操作而影响正常的工作进程，在进行捕获前应先关闭防病毒程序以及系统屏幕保护程序等系统常驻程序。

◎ **光盘同步文件**　同步视频文件：光盘\视频教程\Chapter 04\4-1-5.avi

STEP 01 ❶单击任务栏的"显示隐藏的图标"按钮，❷将鼠标移动到杀毒软件图标上，单击鼠标右键，❸选择"退出"命令，如下图所示。

STEP 02 ❶在桌面上单击鼠标右键，❷选择"个性化"命令，如下图所示。

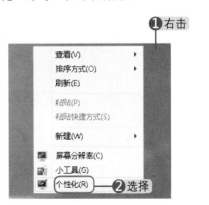

STEP 03 单击"屏幕保护程序"链接，如下图所示。

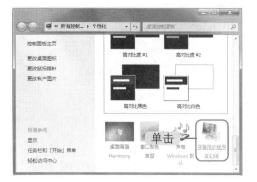

STEP 04 ❶将屏幕保护程序设置为"无"，❷单击"确定"按钮，如下图所示。

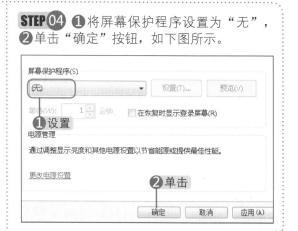

4.1.6 全面认识"捕获"选项面板

会声会影X3是一款强大的视频编辑工具，因此视频素材的捕获是不可或缺的。用户可以通过软件内置的捕获功能面板进行捕获。在执行捕获工作之前，我们先来认识捕获面板的各项功能。

选　项	说　明
预览窗口	用于查看DV摄像机所录制的视频
导航面板	用于控制DV摄像机中视频的播放，采用不同的视频捕获方式，其界面也会有所变化
素材库	用于存放会声会影X3中的视频、音频等素材文件
捕获选项	这里罗列了用于进行视频捕获的各种功能命令，单击即可打开相应的捕获面板
信息区域	用于显示捕获设备、捕获格式、文件大小等信息

1 捕获视频

用于捕获DV、HDV、模拟摄像机和电视的视频。对于各种不同类型的视频来源来说，捕获步骤类似，不同的是每种捕获视频类型的视频设置选项是不同的。

捕获设置界面各选项如下。

选　项	说　明
区间	用于指定捕获素材的播放长度，依次分别为小时、分钟、秒和帧。使用鼠标单击可进行时间大小的设置
来源	当前进行捕获操作的视频设备
格式	用于设置捕获视频的文件保存格式
捕获文件夹	用于指定一个文件夹，以保存所捕获的视频文件
按场景分割	勾选此项后，在捕获视频时会自动按照场景进行视频分割
选项	单击会打开一个快捷菜单，用于对捕获设置进行修改
捕获视频	将当前视频设备中的媒体视频传输到硬盘
抓拍快照	将当前显示的视频帧捕获为图像

 提个醒： 如果此时摄像机连接不正确，所有设置选项将显示为灰色不可用状态，此时需重新进行正确的连接。

2 DV快速扫描

单击此项可打开"DV快速扫描"操作界面，这里主要用于扫描DV磁带，查找拍摄视频中的场景内容。

 提个醒： 具体功能参数可参考第3章"DV转DVD向导"小节的相关内容。

3 从数字媒体导入

单击此项会打开"选取'导入源文件夹'"对话框，如右图所示，用于从DVD-Video/DVD-VR、AVCHD、BDMV格式的光盘或从硬盘中添加媒体素材到会声会影X3软件。

 提个醒： 此功能还允许直接从AVCHD、BD或DVD摄像机导入视频。

4 从移动设备导入

此项用于从移动硬盘、手机内存卡等移动设备中导入媒体素材。

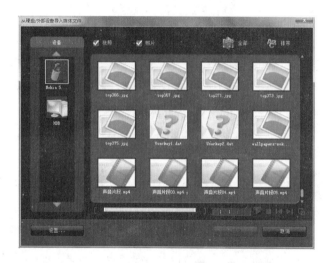

选 项	说 明
设备	显示当前连接到计算机的所有移动设备，如手机、移动硬盘等
视频	勾选此项将在下方素材列表中显示当前设备中的所有视频文件
照片	勾选此项将在下方素材列表中显示当前设备中的所有图像文件
全部	单击后会显示当前设备中的所有文件，包括视频、图像、声音等
排序	单击可按名称、大小或者日期来重新排序文件
设置	单击可设置素材文件的浏览和导出位置

4.2 从硬件设备捕获视频

进行了前面的准备工作，相信大家对于通过会声会影X3进行素材的采集也有了一定的了解。下面就来进行视频捕获的实战操作，希望大家认真学习。

4.2.1 从摄像头捕获监控视频

随着数码产品的发展，摄像头已经成为计算机用户不可缺少的硬件设备之一。我们可以通过会声会影X3来对QQ或者MSN等进行视频交流时的场景进行捕获。

> **光盘同步文件** 　同步视频文件：光盘\视频教程\Chapter 04\4-2-1.avi

STEP 01 通过USB数据线连接摄像头和计算机，如下图所示。

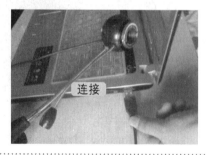

STEP 02 打开会声会影编辑器，切换到"捕获"面板，单击"捕获视频"图标，如下图所示。

提个醒：现在市面上出售的摄像头大多是通过USB接口与计算机进行连接的，而且基本都自带免驱动功能，只要正确连接即可使用。

STEP 03 在"来源"右侧单击倒三角按钮，选择连接的摄像头，如下图所示。

STEP 04 ❶分别设置捕获视频的格式和保存位置，❷单击"选项"图标，❸选择"捕获选项"，如下图所示。

STEP 05 ❶在打开的对话框中设置是否将捕获的视频添加到素材库和时间轴，❷单击"确定"按钮，如下图所示。

STEP 06 返回选项面板，再次单击"选项"图标并选择"视频属性"，在打开对话框中，❶设置捕获视频的亮度、对比度等，❷完成后单击"确定"按钮，如下图所示。

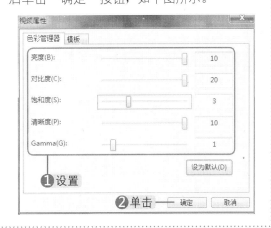

STEP 07 设置完成后，单击下方的"捕获视频"图标，即可自动捕获摄像头所监控到的画面影像，如右图所示。

 提个醒：录制完成后，直接单击"停止捕获"图标即可。

4.2.2 从DV摄像机捕获拍摄视频

会声会影 X3支持直接从DV摄像机中捕获拍摄的视频，具体捕获步骤如下。

STEP 01 连接DV到计算机，启动会声会影 X3，❶切换到"捕获"面板，❷单击"捕获视频"图标，如下图所示。

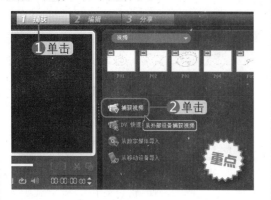

STEP 02 ❶在选项面板中的区间框中输入数值，可以指定捕获视频的起始位置，❷在"格式"选项栏中选择捕获视频格式，❸单击"捕获文件夹"后的图标自定义捕获视频位置，如下图所示。

STEP 03 ❶在打开对话框中指定一个用于保存视频文件的捕获文件夹，❷单击"确定"按钮，如下图所示。

STEP 04 单击"选项"图标，在打开的菜单中进行更多的捕获设置，如下图所示。

STEP 05 将摄像机的POWER开关调动到VCR播放状态，按播放键开始播放当前拍摄内容，如下图所示。

STEP 06 ❶单击"播放"按钮，在预览窗口中预览当前拍摄的视频内容，❷单击"捕获视频"图标开始视频捕获，如下图所示。

进行视频捕获工作时，区间右侧会显示当前的捕获时间。如果用户已指定了捕获区间，请等待捕获工作的自动完成；如果没有指定，则需要等到拍摄内容播放完毕；如果需要中途暂停，可以直接单击"停止捕获"图标或按【Esc】键停止捕获，如右图所示。

4.3　从光盘中导入视频素材

目前很多数码摄像机产品都是使用DVD光盘作为存储介质的，这种摄像机不但清晰度可以达到960线，而且在拍摄的同时可以直接刻录成DVD光盘。用户可以直接将其放在DVD播放器中进行播放，也可以导入计算机，使用会声会影进行编辑。

▦▦ 4.3.1　导入DVD光盘中的视频素材

会声会影X3支持直接捕获光盘的内容，用户只需将光盘放入光驱，然后通过捕获面板进行捕获即可。

◎ **光盘同步文件**　同步视频文件：光盘\视频教程\Chapter 04\4-3-1.avi

STEP 01 将光盘放入光驱，启动会声会影X3，❶切换到"捕获"面板，❷单击"从数字媒体导入"图标，如下图所示。

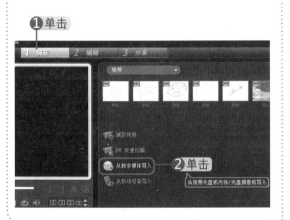

STEP 02 在打开的对话框中，❶勾选放入光盘的DVD驱动器文件夹，❷单击"确定"按钮，如下图所示。

STEP 03 在打开的对话框中，❶选择导入源文件夹，❷单击"起始"按钮，如下图所示。

STEP 04 在新的对话框中，❶勾选要导入的素材，❷单击"开始导入"按钮，如下图所示。

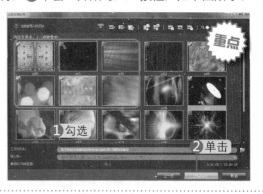

STEP 05 会声会影X3将自动开始素材的导入工作，如下图所示。

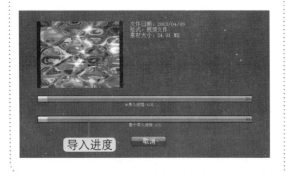

STEP 06 ❶设置是否添加到素材库或者时间轴，❷单击"确定"按钮，如下图所示。

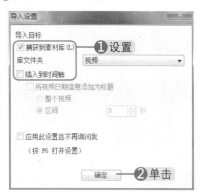

4.3.2 从视频中捕获静态图像

通过会声会影X3的"抓拍快照"功能，可以轻松地捕获视频中的某一段精彩画面。

光盘同步文件　同步视频文件：光盘\视频教程\Chapter 04\4-3-2.avi

STEP 01 在预览窗口中播放要进行图像截取的视频文件，当出现需要保留的画面时，单击"停止播放"按钮，如下图所示。

STEP 02 在选项面板中，单击"抓拍快照"图标，如下图所示。

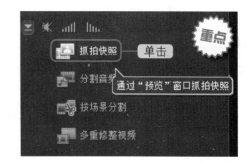

STEP 03 软件将自动捕获当前视频画面，并自动将其保存到照片素材库的最末尾位置，如右图所示。

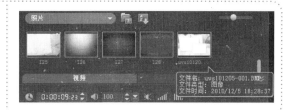

4.4 从移动设备中导入视频

硬盘式DV摄像机是目前最为流行的DV产品。通过会声会影X3，可以直接导入其保存在摄像机硬盘中的内容，同时也可以从SONY PSP、各种智能手机、PDA等设备中导入视频素材。

4.4.1 从DV硬盘导入视频

通过会声会影X3从硬盘式DV设备导入视频非常方便，不需要进行过多的操作，即可直接导入进素材库中供大家使用。

◎ **光盘同步文件** 同步视频文件：光盘\视频教程\Chapter 04\4-4-1.avi

STEP 01 使用USB数据线将硬盘DV连接到计算机，启动会声会影X3并切换到"捕获"面板，单击"从移动设备导入"图标，如下图所示。

STEP 02 ❶选择设备列表中的DV存储硬盘，右侧会显示当前所有的拍摄素材，❷单击选择要导入的视频，❸单击"播放"按钮进行视频预览，❹确认后单击"确定"按钮进行导入操作，如下图所示。

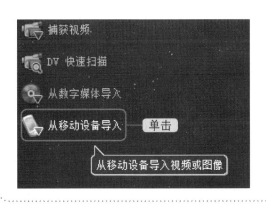

STEP 03 打开"导入设置"对话框，❶选择视频文件的导入位置，❷单击"确定"按钮，如下图所示。

STEP 04 稍等片刻，所选素材将自动被载入计算机，并自动添加到素材库的最末尾位置，如下图所示。

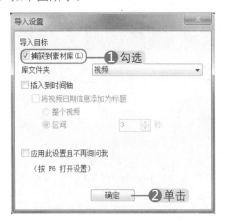

4.4.2 从手机导入视频

　　手机是大家在日常应用中最常用到的通信设备，由于其功能越来越强大，因此也被众多"玩家"用来拍摄一些视频、照片等。通过会声会影X3，用户可以方便地导入这些素材。

　　从手机导入视频素材的方法和从移动设备中导入的方法完全一样，只需将手机连接到计算机，然后通过"捕获"面板中的"从移动设备导入"功能进行导入，按照如右图所示的顺序进行操作即可。

技能实训　使用智能代理管理器优化导入的视频

　　会声会影X3提供了一个"智能代理管理器"，它可以帮助用户在捕获视频时自动进行优化，使其更利于编辑。

▶ 实训目标

本技能的实训让读者达到以下目标：

- 了解智能代理管理器
- 熟悉设置参数面板
- 学会设置智能代理

➡ 操作步骤

◎ 光盘同步文件　同步视频文件：光盘\视频教程\Chapter 04\技能实训.avi

STEP 01 打开会声会影X3，❶单击"设置"菜单，❷在打开的菜单中选择"参数选择"命令，如下图所示。

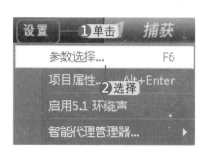

STEP 02 切换到"捕获"选项卡，依次勾选如下图所示的复选框。

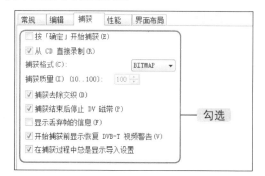

STEP 03 切换到"性能"选项卡，❶勾选"启用智能代理"复选框，❷设置启用该功能的视频限制大小，如下图所示。

STEP 04 ❶勾选"自动生成代理模板"复选框，❷单击"确定"按钮完成设置，如下图所示。

▦ 想一想，练一练

通过本章内容的学习，请读者完成以下练习题。

（1）为自己的计算机设置更高的虚拟内存？

（2）清理计算机中的垃圾文件，节省系统磁盘空间。

（3）从摄像头中捕获即时动态影像。

（4）从DV摄像机中捕获拍摄的视频影像。

（5）将手机中拍摄的照片导入到会声会影图像素材库。

Chapter

05

影片高级编辑

● 本章导读

在会声会影X3中，影片的编辑主要是在"编辑"步骤面板中进行的。通过该面板，用户能够对素材画面进行选择与剪辑，以便打造出常用的影片效果。下面就来学习如何在"编辑"步骤面板中进行一些常见的编辑操作。

● 本章学完后应会的技能

- ● 熟悉"编辑"面板的相关功能
- ● 将素材添加到时间轴
- ● 修整视频素材
- ● 分割视频场景

- ● 调整时间轴素材
- ● 调节素材属性
- ● 影片的其他编辑操作

● 本章多媒体同步教学文件

- 光盘\视频教程\Chapter 05\5-2-1.avi～5-2-5.avi
- 光盘\视频教程\Chapter 05\5-3-1.avi～5-3-4.avi
- 光盘\视频教程\Chapter 05\5-4-1.avi、5-4-2.avi
- 光盘\视频教程\Chapter 05\5-5-1.avi～5-5-4.avi
- 光盘\视频教程\Chapter 05\5-6-1.avi、5-6-2.avi
- 光盘\视频教程\Chapter 05\5-7-1.avi、5-7-2.avi
- 光盘\视频教程\Chapter 05技能实训.avi

5.1 熟悉选项面板的相关功能

选项面板中主要包含针对不同素材的一些调整命令和工具。如果在素材库或者下方的视图窗口中选择了视频素材，这里会显示"视频"选项面板；如果选择了图像素材，就会显示"图像"选项面板，依次类推，下面来进行详细介绍。

5.1.1 "视频"选项面板

在视频轨中选择一个视频或者Flash动画素材，会显示"视频"选项面板，如下图所示。

1 区间

用于显示当前选中视频素材的长度，其中时间格的数字分别对应小时、分钟、秒和帧。用户可以单击时间格区域，然后通过调节 箭头或者直接输入相应的数值来调整素材的时间长度，如右图所示。

2 素材音量

如果选择的视频素材包含声音，则素材音量为可操作状态，其中100表示原始音量大小，用户可以通过调节右侧 箭头或者直接输入相应的数值来调整音量大小，也可以直接单击 按钮，在打开的窗口中拖动滑块来进行调节，如右图所示。

3 静音

单击 按钮，可以将视频的音频部分禁用，从而实现只有视频而去除声音的目的，让用户自由为所选视频添加背景音乐，如右图所示。

4 淡入/淡出

单击 按钮，可以将淡入效果添加到所选素材中，使素材起始部分的音量产生从零开始然后逐渐变大的效果。单击 按钮则产生相反效果，如右图所示。

 一点通：在"参数选择"对话框中，可以自定义设置淡入淡出效果的起始和结束区间。

5 **旋转**

单击![]按钮，可以逆时针旋转视频素材；单击![]按钮，可以顺时针旋转视频素材，如右图所示。

6 **抓拍快照**

单击"抓拍快照"按钮，可以将当前帧保存为图像文件并存放到图像素材库中，如右图所示。

7 **色彩校正**

单击"色彩校正"按钮，可以打开色彩校正属性面板，如右图所示。

在这里可以调整视频素材的色调、饱和度、亮度、对比度和Gamma值等。此面板可以帮助用户轻松地对过暗或者偏色的影片进行颜色校正。也可以让用户轻松设计出有艺术效果的影片。

"色彩校正"面板的各选项含义如下。

选　项	说　明
白平衡	勾选此复选框，白色线框区域内其他选项为可操作状态，此时可以通过调整选项面板中的参数来校正视频的白平衡

一点通：在不同的光源场景中，相机或者摄像机所拍摄的物体颜色不同，但是这些物体在人们的眼中却是同样的，这是因为人类大脑会对其进行修正。那么如何让相机或者摄像机所捕获的物体颜色和人眼所看到的色彩尽可能一样呢？这就需要对拍摄色温进行一番修正，这种修正功能就叫做白平衡。

选　项	说　明
![]自动	单击按钮，会声会影会自动分析画面色彩并校正白平衡
![]选取色彩	单击按钮，可以在视频播放画面中任意单击鼠标指定用户认为应该是白色的位置，会声会影会自动以单击的颜色为标准进行色彩校正
显示预览	此项只有在单击"选取色彩"按钮后有效。选择后会在选项面板右侧显示预览画面，以便于比较白平衡校正前后效果
![]场景模式	单击不同的按钮，可以分别选择不同的光源场景模式，会声会影可以依据所选光源模式进行白平衡调整
温度	代表色温，输入数值，或者单击![]箭头可进行温度值的修改；也可以直接单击![]按钮，然后拖动滑块来进行设置

提个醒：这里修改的部分数值设置和前面自定义场景模式中的部分模式相同。

选　项	说　明
自动调整色调	勾选此复选框，可以自动调整画面的色调
色调	拖曳滑块可以调整画面的颜色
饱和度	拖曳滑块可以调整画面的色彩浓度
亮度	拖曳滑块可以调整画面的明暗程度
对比度	拖曳滑块可以调整画面的明暗对比度
Gamma	拖曳滑块可以调整画面的明暗均衡

8 分割音频

　　单击"分割音频"按钮，会自动将当前视频文件中的音频分离出来，同时保存到声音轨中，如右图所示。

9 回放速度

　　单击"回放速度"按钮，可打开"回放速度"对话框，如右图所示。在此对话框中，用户可以自定义调整视频素材的播放速度。

10 按场景分割

　　单击"按场景分割"按钮，可打开"场景"对话框，启用场景分割功能，如右图所示。
　　它主要用于对视频进行分割，系统会自动根据帧内容的变化或者视频录制的日期、时间来对素材进行裁剪，将它们分割成不同的小段视频。

"场景"对话框中的各选项含义如下。

选 项	说 明
检测到的场景	此列表中显示了当前要进行分割的视频素材
连接(T)按钮	单击可以将分割的视频重新连接成一个整体
分割(P)按钮	单击可以将连接的视频重新按照分割后的效果进行分离
重置(R)按钮	此按钮功能与"连接"按钮一样，不同的是，"连接"是将所选择的视频连接到一起，"重置"则将所有分割视频还原
将场景作为多个素材打开到时间轴	勾选此复选框，系统会自动将分割的场景添加到时间轴
扫描方法	选择扫描方式
扫描(S)按钮	单击进行视频场景的扫描，完成后会自动分割视频
选项(T)...按钮	单击此按钮，可以修改扫描时的灵敏度

11 反转视频

勾选"反转视频"复选框，如右图所示，视频素材将从视频的结尾部分开始播放。

12 多重修整视频

单击"多重修整视频"按钮，可打开"多重修整视频"对话框，此功能主要用于让用户从原始视频素材中将视频内容分割成多个元素片段，进而方便用户从中提取自己所需要的视频片段，如右图所示。

"多重修整视频"中的各选项含义如下。

选 项	说 明
翻转选取	单击可以从视频的结尾处开始进行视频的修整
◀◀ ▶▶	单击可以让用户以固定增量向前或向后浏览视频
0:00:15:00 ⬍	用于设置向上或向下移动视频的增量时间
自动检测电视广告	单击可以自动检测当前视频中的广告内容，并自动提取到下方的视频轨中
检测敏感度	设置越高，捕获广告内容的概率越大；相反，捕获广告内容的概率越小
合并CF	合并视频内容
播放修整的视频	播放用户进行修整后的视频内容
⬤	上下拖曳可以设置一个窗格显示的帧数画面。最低为1帧，最高为1800帧
▽	拖曳擦洗器可进行视频定位操作
▦▦▦	飞梭轮，与擦洗器一样，用于视频定位
⊞ 快进/快退	用于调节快进或者快退的播放速度
✕	单击可删除视频轨中当前选择的视频片段

5.1.2 "照片"选项面板

在视频轨中选择一个图像素材，会显示"照片"选项面板，如下图所示。

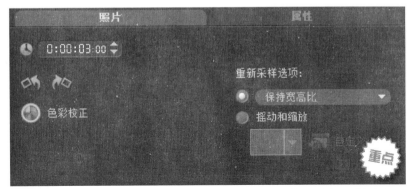

这里的选项与"视频"选项面板基本一样，不同的是右侧有"重新采样选项"以及"摇动和缩放"功能，下面进行介绍。

1 重新采样选项

主要用于设置图像的大小。单击其右侧的倒三角按钮，从弹出的下拉列表中可以选择重新采样图像的方式，如右图所示。

选　项	说　　明
保存宽高比	可以保持图像当前的宽度和高度比例不变
跳到项目大小	可以使当前图像的大小与项目视频帧的大小相同

2 摇动和缩放

选中"摇动和缩放"单选项，可以将摇动和缩放效果应用到当前图像中。它可以模拟摄像机在摄像时产生的摇动和缩放效果，让静态图像变得具有动感。

单击倒三角按钮，在打开的摇动和缩放模块列表中，包含了系统自带的多种摇晃效果，用户可以任意进行选择，如右图所示。

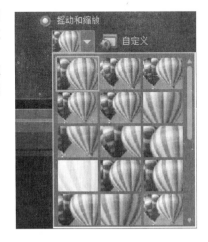

如果对默认的效果不满意，用户还可以单击右侧的"自定义"图标进行DIY设计，如下图所示。

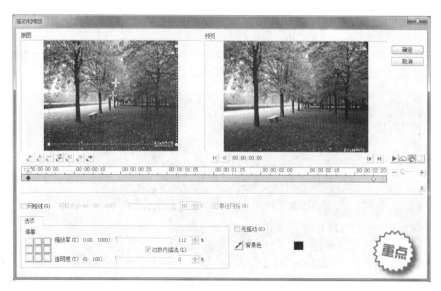

"摇动和缩放"对话框中的各选项含义如下。

选　项	说　明
原图	此区域显示了原始图像效果，用户可以在这里设置图像的摇晃距离、角度等
预览	在进行预览播放操作时，此窗口将显示图像的摇晃效果
控制按钮栏	其中的各项按钮主要用于对视频摇动和缩放进行设置
预览按钮栏	其中的各项按钮主要用于对视频进行播放控制
关键帧控制	此处主要用于预览和确认帧所在位置，以帮助用户对摇晃效果进行控制
网格线	勾选此复选框，将在原图区域中显示网格线
网格大小	可调整网格线的大小
靠近网格	勾选后，控制操作将贴紧网格线
停靠	单击不同的　按钮，可以自定义设置关键帧移动的方向
缩放率	设置画面的缩放比例

5.1.3　"色彩"选项面板

选择"色彩"素材库，会自动打开"色彩"选项面板，如下图所示。

1 区间

用于设置所选色彩素材在影片中播放的时间，如右图
所示。

2 色彩选取器

单击■按钮，可以打开如右图所示的色彩选取器，在
这里可以自定义需要使用的颜色。

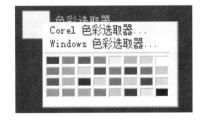

选　项	说　明
Corel色彩选取器	单击可打开Corel公司设置的色彩选取器
Windows色彩选取器	单击可打开Windows系统设置的色彩选取器

 提个醒：选择不同的色彩选取器时，颜色可能会有所差别，这是由它们的色彩系统所决定的。

5.2　将素材添加到时间轴

要进行视频的编辑，首先要将各种编辑素材添加到时间轴视图的视频轨
中，下面来介绍具体的添加方法。

5.2.1　从素材库添加视频素材

下面来看看如何从素材库中添加视频素材到时间轴视图的视频轨中，具体步骤如下。

◎ **光盘同步文件**　同步视频文件：光盘\视频教程\Chapter 05\5-2-1.avi

STEP 01 ❶在素材库中选择一个要添加的视
频素材，❷按住鼠标不放，拖曳鼠标到视频
轨，如下图所示。

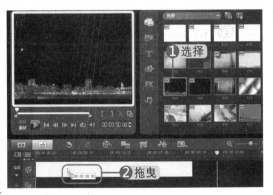

STEP 02 释放鼠标，当前素材即可添加到视
频轨中，如下图所示。

5.2.2　从文件添加视频

除了从素材库拖曳素材到视频轨外，用户也可以直接添加计算机文件夹中的素材到视频轨，具体步骤如下。

光盘同步文件　　同步视频文件：光盘\视频教程\Chapter 05\5-2-2.avi

STEP 01 ❶在时间轴的视频轨中单击鼠标右键，❷选择"插入视频"命令，如下图所示。

STEP 02 ❶在打开对话框中选择要插入的视频素材文件，❷单击"打开"按钮，如下图所示。

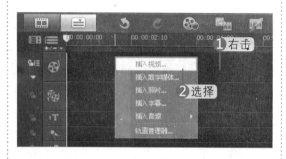

STEP 03 选择的视频素材自动被插入到视频轨中，如右图所示。

 提个醒：不单是视频，图像以及Flash动画元素等素材都可以从文件夹中进行添加。

5.2.3　添加图像素材

前面介绍了视频素材的添加，下面来看看如何从素材库中添加图像素材到视频轨，具体步骤如下。

光盘同步文件　　同步视频文件：光盘\视频教程\Chapter 05\5-2-3.avi

STEP 01 ❶单击画廊右侧的倒三角按钮，❷选择"照片"素材列表中的"照片"选项，如下图所示。

STEP 02 ❶在素材库中选择一个要添加的视频素材，❷将选择的图像素材拖曳到视频轨中，如下图所示。

5.2.4　添加色彩素材

色彩素材在"图形"素材库中，要进行添加，首先需要进行切换，具体步骤如下。

光盘同步文件　同步视频文件：光盘\视频教程\Chapter 05\5-2-4.avi

STEP 01 ❶单击素材库面板中的"图形"，切换到"图形"素材库，❷单击画廊右侧的倒三角按钮，❸选择"色彩"选项，如下图所示。

STEP 02 ❶在素材库中选择一个要添加的色彩素材，❷将选择的色彩素材拖曳到视频轨中，如下图所示。

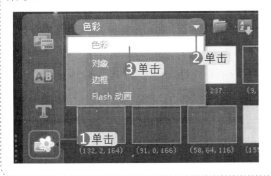

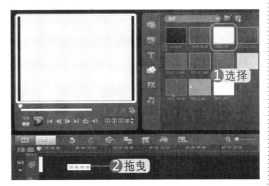

5.2.5　添加Flash动画素材

Flash动画素材作为装饰，在视频编辑中能起到很好的画龙点睛作用，下面来看看它的添加方法。

光盘同步文件　同步视频文件：光盘\视频教程\Chapter 05\5-2-5.avi

STEP 01 ❶ 在"图形"素材库中单击画廊右侧的倒三角按钮，❷选择"Flash动画"选项，如下图所示。

STEP 02 ❶ 在素材库中选择一个要添加的Flash动画素材，❷将选择的Flash动画素材拖曳到视频轨中，如下图所示。

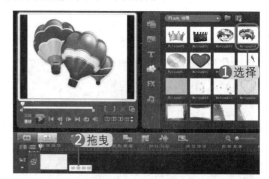

> 提个醒：对象、边框主要用于添加到覆叠轨中作为装饰对象存在，它们的添加方法和Flash动画的添加完全一样，这里不再赘述。

5.3 修整视频素材

进行视频素材的修整是视频编辑过程中最常用的手段，它主要是指将素材的某部分内容分开为几部分，然后对多余的部分进行删除，让保留的部分重新聚合在一起。

5.3.1 在预览播放器中修整素材

通过预览窗口配合导览面板，可以一边适时查看视频效果，一边进行视频修整。下面来介绍具体的方法。

 光盘同步文件 同步视频文件：光盘\视频教程\Chapter 05\5-3-1.avi

STEP 01 在会声会影编辑器的视频轨中，单击导览面板中的"播放"按钮预览当前视频，如下图所示。

STEP 02 ❶ 拖曳预览窗口的擦洗器，调节播放位置到需要进行修整的视频区域，❷单击"上一帧"按钮或者"下一帧"按钮进行更为精细的位置调整，如下图所示。

 一点通：在进行裁剪之前对视频进行一遍预览，可以帮助用户对裁剪内容有更多的了解。

STEP 03 确定起始点位置后，单击"开始标记"按钮，将当前位置设置为开始标记点，如下图所示。

STEP 04 ❶继续拖曳擦洗器到视频最末尾位置，❷单击"结束标记"按钮完成视频标记，如下图所示。

 一点通： 此时擦洗器中的白色区域即表示修整后的视频区域，再次预览播放会只播放当前区域内的视频。用户可以将当前修整视频作为保留的视频区域，也可以作为要删除的视频区域。

5.3.2　在时间轴视图中修整素材

捕获视频或者添加素材后，需要对视频进行修整，最为常见的就是去除头尾的操作。下面来介绍如何通过视频轨进行素材的修整。

光盘同步文件　同步视频文件：光盘\视频教程\Chapter 05\5-3-2.avi

STEP 01 ❶按键盘上的【F6】键，打开"参数选择"对话框，单击"素材显示模式"右侧的倒三角按钮，选择"仅略图"选项，❷单击"确定"按钮，如下图所示。

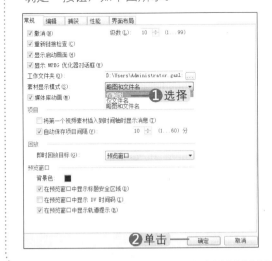

STEP 02 单击工具栏中的"放大"按钮，使时间轴中的视频轨放大显示，让视频的帧画面完全显示出来，如下图所示。

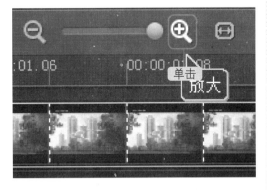

 提个醒： 设置为"仅略图"显示模式后，在时间轴视频轨中，每帧代表一个略图更利于修整。

STEP 03 选择需要修整的视频素材，此时素材两端会以黄色标记表示，如下图所示。

 一点通：在视频轨中拖曳视频进行定位时，需要同时在预览窗口中查看当前标记所对应的视频内容。

STEP 04 移动鼠标到左侧黄色标记上，此时鼠标指针变为 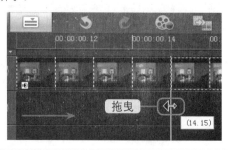 形状，然后按住鼠标不放向右进行拖曳。当拖曳到需要修整的位置后，释放鼠标，定位修整视频的起始位置，如下图所示。

STEP 05 移动鼠标到右侧视频结尾位置的黄色标记上，此时鼠标指针变为 形状，然后按住鼠标不放向左进行拖曳。当拖曳到需要结束修整的位置后，释放鼠标，定位修整视频的结束位置，如下图所示。

STEP 06 单击工具栏中的"将项目调整到时间轴窗口大小"按钮，使视频轨上要修整的素材在窗口中完全显示出来，然后拖曳鼠标进行再次定位，使修整后的视频位置更为精准，如下图所示。

■■■■ 5.3.3 多重修整视频

　　会声会影X3提供了一个专业的视频修整工具，它提供比预览播放器、时间轴视图更为便利和强大的视频修整功能。

光盘同步文件　同步视频文件：光盘\视频教程\Chapter 05\5-3-3.avi

STEP 01 选择要修整的视频，单击选项面板的"多重修整视频"功能图标，打开"多重修整视频"对话框，如右图所示。

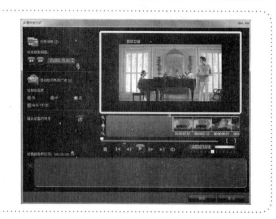

STEP 02 ❶在左侧面板中，设置"检测敏感度"为"中"，❷单击左侧的"自动检测电视广告"图标，如下图所示。

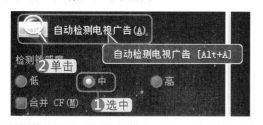

提个醒：灵敏度越高，检测到的无用视频内容越多，反之则越少。

STEP 03 监测出的视频会自动加载到下方的视频轨中，如下图所示。

一点通：如果需要更细致地修整视频，可以进行后续步骤，如果只需简单修整，进行广告自动检测就可以了。

STEP 04 在预览窗口左下侧向上拖曳滑块，直至画面以1帧为单位，如下图所示。

提个醒：此时视频将以全画面显示，每幅画面代表一帧。

STEP 05 在视频轨选择前面检测过一次的视频，❶在预览播放器工具栏中拖曳擦洗器，定位视频修整的起始位置，❷单击"开始标记"按钮，如下图所示。

STEP 06 ❶继续定位视频的结尾位置，❷单击"结束标记"按钮，如下图所示。

STEP 07 此时修整后的视频将自动加载到下方的视频轨中，单击"确定"按钮返回编辑器，如下图所示。

STEP 08 在时间轴视频轨中显示当前进行多重修整后的视频素材，如右图所示。

▪▪▪ 5.3.4 保存修整后的影片

不管用何种方法对视频执行修整操作，都没有真正将所修剪的部分素材进行保留。如果大家在工作过程中不急于完成视频的分享，又要避免因误操作而改变了精心修整的影片，可以通过下面的方法来对修整后的视频进行单独保存。

◎ 光盘同步文件 同步视频文件：光盘\视频教程\Chapter 05\5-3-4.avi

STEP 01 选择修整后的视频，❶单击"文件"菜单，❷选择"保存修整后的视频"命令，如下图所示。

STEP 02 开始将修整后的视频渲染成单独的视频文件，并自动保存到视频素材库的最末尾位置，如下图所示。

提个醒：	"保存修整后的视频"功能不支持AVI格式的视频。

5.4 分割视频场景

在编辑视频的过程中，有时候需要对视频中的某一小段内容进行单独编辑或删除，这时候就可以通过分割视频的方法来进行操作。

▪▪▪ 5.4.1 手动分割视频场景

通过视频预览播放器，可以轻松地实现视频的分割操作，下面来看具体的方法。

◎ 光盘同步文件 同步视频文件：光盘\视频教程\Chapter 05\5-4-1.avi

STEP 01 ❶选择需要进行修剪的视频素材，❷拖曳导览面板中的擦洗器进行视频分割点定位，如右图所示。

提个醒：	"飞梭栏"就是擦洗器，在会声会影X3中与之前版本的叫法不一样。

STEP 02 单击右侧的"按照飞梭栏的位置剪辑素材"按钮，将当前素材从擦洗器所在的位置自动分割为单独的两个素材文件，如右图所示。

一点通：选择分割后的视频素材，按键盘上的【Del】键可以进行删除。

5.4.2　自动分割视频中的场景

通过手动的方式分割视频相当麻烦，对于一些场景分明的视频，可以直接通过"视频"选项面板的"按场景分割"功能进行自动分割。

◎ **光盘同步文件**　同步视频文件：光盘\视频教程\Chapter 05\5-4-2.avi

STEP 01 选择要分割的视频，单击选项面板的"按场景分割"功能图标，如下图所示。

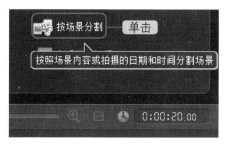

STEP 02 打开"场景"对话框，单击左下侧的"选项"按钮，如下图所示。

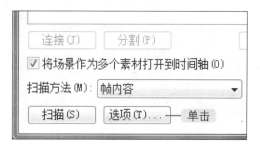

STEP 03 ❶将"敏感度"设置为90或更高，❷单击"确定"按钮，如下图所示。

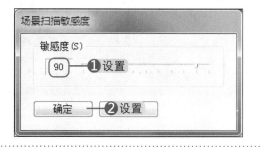

STEP 04 返回"场景"对话框，在左下侧单击"扫描"按钮，如下图所示。

 一点通：灵敏度越高，扫描得越细致，扫描出的场景越少。

STEP 05 ❶查看当前扫描完毕的视频场景内容，❷单击"确定"按钮，如下图所示。

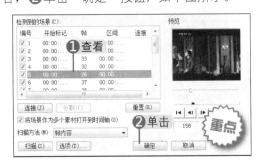

STEP 06 扫描完成的视频将自动出现在故事板视图或者时间轴视图中，如下图所示。

一点通：在"场景"对话框中，依次选择所有的视频编号，单击"连接"按钮可以重新组合视频片段。

5.5 调整时间轴素材

在视频轨中添加了各种素材后，还需要进行一些常见的调整操作，如播放顺序、播放速度、调节音量等。下面就来介绍这方面的内容。

5.5.1 调整素材的播放顺序

在会声会影X3中，所有的素材都是按照影片中播放的顺序进行排列的，用户也可以根据实际需要对其进行修改，以达到更为理想的效果。

光盘同步文件 同步视频文件：光盘\视频教程\Chapter 05\5-5-1.avi

STEP 01 切换到故事板视图，然后在这里选择需要移动的素材，按住鼠标不放，如下图所示。

STEP 02 拖曳鼠标将当前素材移动到希望放置的位置，这时将以竖线表示，如下图所示。

STEP 03 释放鼠标后，选择的素材会自动被放置到新的位置，完成素材的移动，如右图所示。

一点通：通过拖曳来调整素材顺序最好在故事板模式下进行，这样更利于操作。

5.5.2　调整影片的播放速度

我们看电影的时候可以看到有很多特技摄影动作，部分视频内容会突然变得很快或者很慢，这些效果都可以通过会声会影X3的"回放"功能来进行调节。

光盘同步文件　同步视频文件：光盘\视频教程\Chapter 05\5-5-2.avi

STEP 01 ❶在视频轨中添加要调速的视频素材，❷单击选项面板中的"回放速度"图标，如下图所示。

STEP 02 在打开的"回放速度"对话框中，❶调整播放速度，❷单击"预览"按钮进行效果预览，如下图所示。

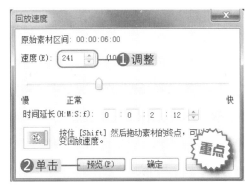

STEP 03 如果觉得效果还不够好，可以继续进行调整，完成后单击"确定"按钮即可。

5.5.3　调整视频素材的音量

在使用会声会影X3的时候，为了使视频与画外音、背景音乐融合，就需要调整视频素材的音量，具体操作步骤如下。

光盘同步文件　同步视频文件：光盘\视频教程\Chapter 05\5-5-3.avi

STEP 01 ❶选择需要调整音量的视频文件，❷在选项面板的"素材音量"中设置音量大小，如下图所示。

STEP 02 单击"淡入"按钮，表示视频素材的声音音量将从零开始到正常状态进行播放，如下图所示。

STEP 03 单击"淡出"按钮，表示视频素材的声音音量将从正常状态开始到零结束播放，如下图所示。

STEP 04 如果不需要视频素材中出现声音，可直接单击选项面板上的"静音"按钮，如下图所示。

> **提个醒**：静音以后，音量调节、淡入/淡出效果都处于不可调状态。

5.5.4 调整图像素材的播放时间

在时间轴视图中添加了图像素材后，可以通过手动的方式调节当前图像素材的播放时间，具体操作步骤如下。

◎ **光盘同步文件**　　同步视频文件：光盘\视频教程\Chapter 05\5-5-4.avi

STEP 01 ❶在视频轨中选择需要调整播放时间的图像文件，❷将其拖曳到时间轴的视频轨中，如下图所示。

STEP 02 此时在"图像"选项面板中会显示当前素材的持续播放时间。将鼠标移动到区间位置中，在要修改的时间上单击鼠标，使其处于闪烁状态，然后输入新的数值，如下图所示。

STEP 03 调整过后，视频轨中的图像会自动根据区间长度而变长，播放时间也会跟着改变，如右图所示。

> **提个醒**：区间中的时间长度即代表视频的总播放长度。直接拖曳视频轨中图像素材右侧的黄色竖条也可以调节播放时间。

5.6 调节素材的属性

通过选项面板，用户可以轻松地对各种素材的属性进行调节，从而形成具有强烈视觉效果的动态视频。下面来介绍这方面的知识。

5.6.1 调节素材的色彩属性

通过"色彩校正"功能，可以让视频达到我们想要的彩色效果，具体的调节方法如下。

◎ **光盘同步文件** | 同步视频文件：光盘\视频教程\Chapter 05\5-6-1.avi

STEP 01 ❶在视频轨中选择需要调整色彩颜色的素材，❷单击选项面板中的"色彩校正"图标，如下图所示。

STEP 02 ❶勾选"白平衡"复选框，❷在下方场景模式中单击一种色彩模式，如下图所示。

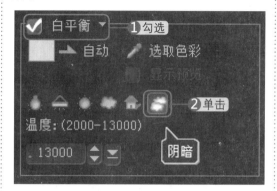

STEP 03 如果觉得颜色值还是没有达到预想的效果，还可以在右侧调节色调或者饱和度，如右图所示。

 一点通：如果对调整的色彩属性不满意，可以直接双击滑动条来恢复默认属性。

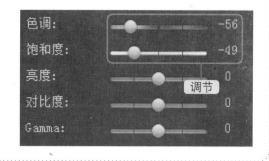

5.6.2 让图像素材产生动态效果

会声会影X3是一款动态视频编辑软件，即使是静态图片，也能够通过"移动和摇晃"功能进行动态处理。下面来介绍具体的方法。

◎ **光盘同步文件** | 同步视频文件：光盘\视频教程\Chapter 05\5-6-2.avi

STEP 01 ❶选择要添加动态效果的图像素材，❷将其添加到视频轨，如下图所示。

STEP 02 ❶选中"摇动和缩放"单选项，❷单击右侧的倒三角按钮，❸为图像素材选择一种摇晃样式，如下图所示。

STEP 03 单击"播放"按钮预览当前设置的摇晃效果，如下图所示。

STEP 04 如果对当前效果不满意，可以单击选项面板中的"自定义"图标，如下图所示，以打开"摇动和缩放"对话框。

STEP 05 将鼠标移动到左侧原图下的视图窗口中，按住十字形状并进行拖曳，可以调节摇晃的移动方向和位置，如下图所示。

 一点通： 这里有两个十字形状可以调节，其中1个代表动画的开始，另一个代表动画的结束。

STEP 06 将鼠标移动到虚线框四周的黄色小点上并按住进行拖曳，可以对动画视图的大小进行调节，如下图所示。

 提个醒： 调节时在右侧预览视图中可以随时观察调整后的即时效果。

STEP 07 完成设置后，单击"确定"按钮返回高级编辑主界面，进行动态图像的效果预览。

5.7 影片的其他编辑操作

本节我们来介绍一些会声会影X3软件的其他编辑操作方法,希望对大家有所帮助。

5.7.1 截取电影中的视频画面

在欣赏电影或者MTV的时候,有时候会发现许多精彩的画面,通过视频截取功能可以将这些画面单独作为图像保存下来。

光盘同步文件 同步视频文件:光盘\视频教程\Chapter 05\5-7-1.avi

STEP 01 在预览播放器中播放需要截取画面的视频,如下图所示。

STEP 02 当播放到想要抓取的画面后,单击"暂停"按钮暂停视频播放,然后在选项面板中单击"抓拍快照"图标,自动将当前帧画面保存为图像文件并存放到素材库中,如下图所示。

5.7.2 成批转换视频文件格式

会声会影X3并不支持所有的视频文件格式,因此为了导入更多的视频,有时候就需要用到视频转换功能来进行视频文件格式的相互转换。

光盘同步文件 同步视频文件:光盘\视频教程\Chapter 05\5-7-2.avi

STEP 01 ❶单击"文件"菜单,❷选择"成批转换"命令,如下图所示。

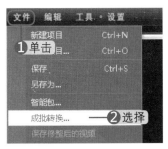

STEP 02 在打开的对话框中,单击"添加"按钮,如下图所示。

STEP 03 ❶选择要转换的文件，❷单击"打开"按钮，如下图所示。

STEP 04 ❶设置转换后视频文件的保存位置，❷选择转换的视频格式，如下图所示。

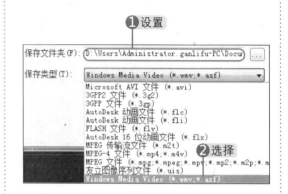

STEP 05 单击"转换"按钮，如下图所示。

STEP 06 开始进行视频的转换工作，如下图所示。

一点通：根据需要，用户可以自由选择多个视频同时进行转换操作。

技能实训　快速创建动态视频文件

会声会影的高级编辑界面中有一个强大的模板导入工具"即时项目"。通过它可以快捷地添加软件自带的多种动画模板到当前素材中，以免去繁琐的编辑操作。

实训目标

本技能的实训将让读者达到以下目标：

- 了解"绘图创建器"的使用
- 学会进行图形绘制
- 学会录制自定义视频

操作步骤

光盘同步文件　同步视频文件：光盘\视频教程\Chapter 05\技能实训.avi

STEP 01 打开会声会影X3，单击工具栏的"即时项目"按钮，如下图所示。

STEP 02 打开"即时项目"对话框，❶单击"选择项目"下的倒三角按钮，❷选择"HD-相册"，如下图所示。

 一点通：这里可以选择趣味、简单、相册3个选项，每项又分为普通和HD（高清模式）两种，大家可以根据需要自由进行选择。

STEP 03 ❶选中"在开始处添加"单选项，❷单击"插入"按钮，如下图所示。

STEP 04 此时该模板会自动加载到时间轴中，如下图所示。

STEP 05 ❶选择图像素材，单击鼠标右键，❷选择"替换素材"中的"视频"命令，如下图所示。

STEP 06 ❶选择本书配套光盘中的"素材文件\Chapter 05\501.mpg"文件，❷单击"打开"按钮导入，如下图所示。

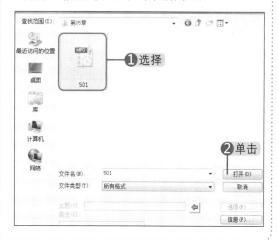

STEP 07 选择导入的视频，在选项面板中切换到"属性"选项面板，❶选择当前视频素材的默认滤镜，❷单击"删除滤镜"图标进行全部清除，如下图所示。

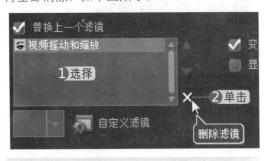

 提个醒：关于滤镜的详细操作，可参考本书后续章节内容。

STEP 09 将覆叠轨、音频轨中其他素材的播放长度设置为与视频轨中最末尾的色彩素材一致，如下图所示。

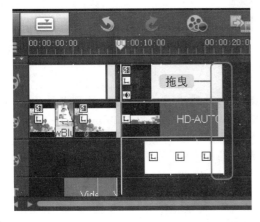

STEP 08 ❶依次选择视频轨中所导入视频以后的图像文件，单击鼠标右键，❷选择"删除"命令进行全部删除，只保留最后一段色彩素材，如下图所示。

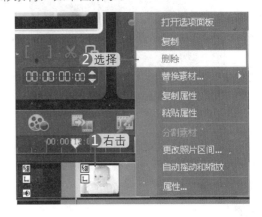

STEP 10 将时间轴后面的所有遗留素材全部清除，然后保存当前项目并进行视频输出即可，如下图所示。

 提个醒：关于视频导出的详细操作，可参考本书后续章节内容。

想一想，练一练

通过本章内容的学习，请读者完成以下练习题。

（1）在时间轴中添加视频和图像素材。

（2）修整添加到时间轴中的视频素材。

（3）对视频素材进行分割处理。

（4）对分割后的视频素材进行顺序调整。

（5）为图片素材添加动态效果。

Chapter

06 应用滤镜特效

● 本章导读

会声会影X3为用户提供了"滤镜"效果，通过这些滤镜特效的广泛运用，使影视作品具有超强的视觉冲击力。它能够帮助用户在进行非线性视频编辑过程中，创建出美轮美奂的视觉效果。本章将一起来体验视频滤镜的强大功能。

● 本章学完后应会的技能

- 了解视频滤镜的选项面板
- 应用视频滤镜
- 自定义滤镜效果
- 掌握常用滤镜特效

● 本章多媒体同步教学文件

- 光盘\视频教程\Chapter 06\6-2-1.avi、6-2-2.avi
- 光盘\视频教程\Chapter 06\6-3-1.avi、6-3-2.avi
- 光盘\视频教程\Chapter 06\技能实训.avi

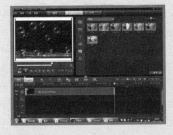
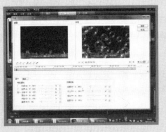

6.1 视频滤镜的选项面板

在影视作品中，经常会出现一些具有梦幻、变形、模糊、闪电等特效的画面，这些特殊效果并不是拍摄出来的，而是通过后期制作添加进去的。

6.1.1 认识滤镜

滤镜是指把原有的画面进行艺术过滤，得到一种艺术或更完美的展示。简单来说，可以将其理解为一段独立的、用于画面点缀和特效处理的视频镜头，它可以附加到图像文件或者视频素材中，从而让素材表面形成闪电雷鸣、模糊变换的效果，如下图所示。

6.1.2 滤镜素材库

在素材库面板中单击"滤镜"按钮，切换到"滤镜"素材库，在这里可以选择当前会声会影X3中自带的12组滤镜素材，如下图所示。

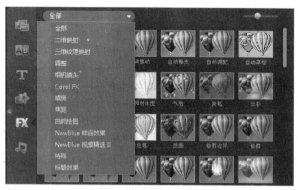

选择不同的滤镜组，会在下方显示当前组类别下的所有滤镜特效，它们的应用和其他素材的添加基本一样，在6.2节中将进行详细介绍。

6.1.3 "滤镜"选项面板

当为视频轨中的素材添加滤镜之后，选择该素材，然后切换到"属性"选项面板，将自动打开滤镜的"属性"设置面板，在此可以进行一系列的设置，如下图所示。

下面来介绍"属性"选项面板的各项功能。

1 替换上一个滤镜

勾选此复选框，每次添加滤镜将自动替换之前的滤镜效果，即只能为当前素材添加一个滤镜；如果取消此复选框的勾选，则可以添加最多5个滤镜（同类型），如右图所示。

2 滤镜列表框

在滤镜列表框中显示了当前素材所应用的所有滤镜，在右侧提供了"下移滤镜"、"上移滤镜"、"删除滤镜"3个按钮，可以分别对滤镜的位置进行调动和删除操作，如右图所示。

3 子滤镜列表

在子滤镜列表中显示了当前滤镜下的所有同类效果模版，单击图标即可进行应用，如右图所示。

 提个醒：部分滤镜只有单一效果，所以这里并无显示，也不能进行单击等操作。

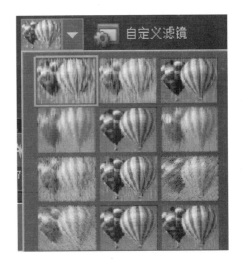

4 **自定义滤镜**

单击可进行当前滤镜的自定义设置，以帮助用户得到更贴近自己喜好的特殊效果，如下图所示。

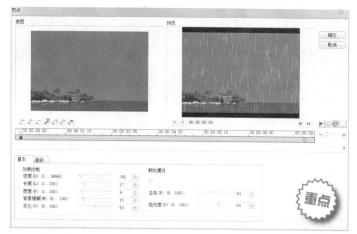

选 项	说 明
基本	可进行滤镜参数的基本属性设置
高级	可以对滤镜产生的大环境进行设置

 提个醒：此处的对话框与"摇动和缩放"基本一样，只是随着所选滤镜的不同，下面参数设置会发生相应变化。

5 **变形素材**

勾选"变形素材"复选框，在预览窗口中会显示当前素材的调节框，按住并拖曳可以自由地对素材进行变形处理，效果如右图所示。

 提个醒：此变化会完全影响视频效果，所以需要谨慎使用。

6 **显示网格线**

只有勾选了"变形素材"复选框之后，"显示网格线"复选框才能继续勾选，应用后会在视频预览窗口中显示网格线，以帮助用户进行更为细致的变形处理，效果如右图所示。

 一点通：右侧的"网格线选项"按钮主要用于调节网格线的粗细、颜色等。

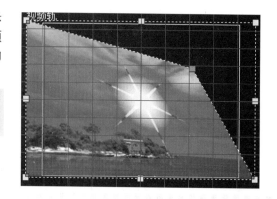

6.2　应用视频滤镜

视频滤镜的应用非常简单，只需在"视频滤镜"素材库中选择需要添加的滤镜，然后拖曳到视频轨中的素材上即可。

6.2.1　应用视频滤镜

下面来介绍为视频素材添加单一滤镜的方法，操作步骤如下。

光盘同步文件　同步视频文件：光盘\视频教程\Chapter 06\6-2-1.avi

STEP 01 ❶在会声会影X3的视频轨中添加视频素材，❷在素材库面板中单击"滤镜"图标，切换到"滤镜"素材库，如下图所示。

STEP 02 ❶单击素材库画廊右侧的倒三角按钮，❷选择"特殊"滤镜组，如下图所示。

STEP 03 ❶选择"闪电"滤镜，❷拖曳到视频轨中的视频素材处再释放鼠标，如下图所示。

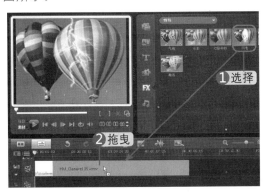

STEP 04 在预览窗口中会出现当前的滤镜效果，同时在"属性"选项面板中会出现当前添加的滤镜名称，如下图所示。

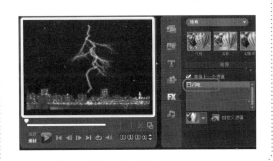

6.2.2　应用复合滤镜效果

　　6.2.1节介绍的是为素材应用单一滤镜的方法，但一般情况下为了让视频拥有更好的视觉效果，通常会添加多个滤镜进行复合应用，下面紧接着上一步的操作进行介绍。

> **光盘同步文件**　　同步视频文件：光盘\视频教程\Chapter 06\6-2-2.avi

STEP 01 ❶取消勾选"替换上一个滤镜"复选框，❷切换到"暗房"滤镜组，如下图所示。

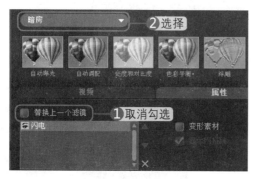

STEP 02 ❶选择"肖像画"滤镜，❷将其拖曳到视频轨中的素材中，如下图所示。

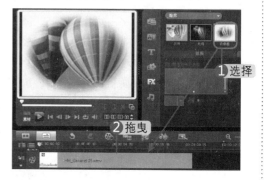

STEP 03 ❶在滤镜列表框中选择"肖像画"滤镜，❷单击下方的倒三角按钮，选择一种模版样式，如下图所示。

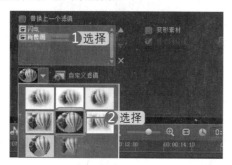

 一点通：如果觉得当前的滤镜效果不满意，可以直接单击"删除滤镜"按钮删除所选滤镜即可。

STEP 04 在预览窗口预览当前的滤镜效果，如下图所示。

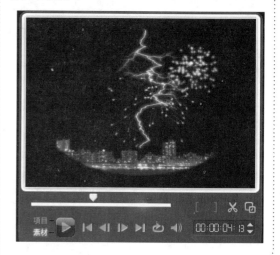

6.3　自定义滤镜效果

　　会声会影X3中的滤镜大部分都能够进行自定义设置，这样能够最大化满足用户对视频特效的视觉要求。下面就来介绍自定义滤镜参数的操作。

6.3.1　关键帧控制

　　通过对关键帧的控制，可以轻松实现滤镜效果的方向、位置等参数的设置，具体方法介绍如下。

◎ **光盘同步文件** 同步视频文件：光盘\视频教程\Chapter 06\6-3-1.avi

STEP 01 ❶选择6.2.1节添加的"闪电"滤镜，❷单击"自定义滤镜"按钮，如下图所示。

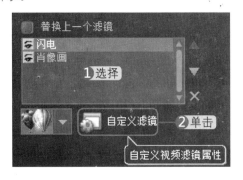

STEP 02 自动打开"闪电"对话框，其参数设置与"摇动和缩放"对话框类似，如下图所示。

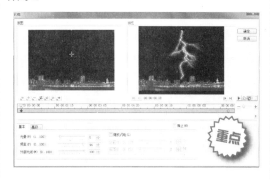

STEP 03 在"原图"预览框中，显示了当前滤镜的3个中心点，分别代表最顶端的绿色点、中心位置的十字准心以及末尾位置的蓝色点，拖曳不同点可以调整闪电的方向、位置，以及长短大小，如下图所示。

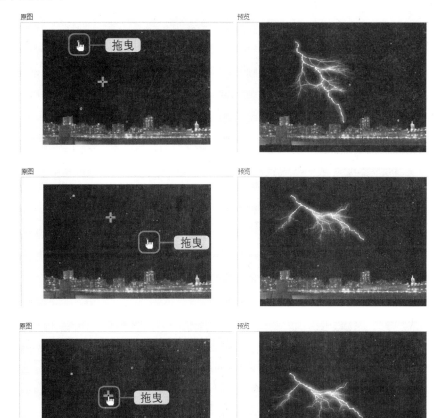

6.3.2 自定义滤镜属性

前面介绍了滤镜的关键帧控制，下面来介绍滤镜参数的设置，方法如下。

光盘同步文件 同步视频文件：光盘\视频教程\Chapter 06\6-3-2.avi

STEP 01 ❶选择6.2.2节添加的"肖像画"滤镜，❷单击"自定义滤镜"按钮，如下图所示。

STEP 02 打开"肖像画"对话框，在左下侧参数设置组中单击"镂空罩色彩"右侧的小色块，如下图所示。

STEP 03 ❶设置一种与视频画面类似的色彩，❷单击"确定"按钮，如下图所示。

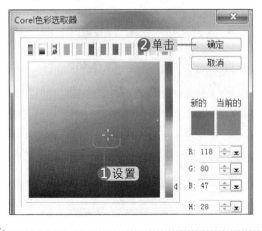

STEP 04 ❶选择肖像画滤镜的应用形状，❷设置合适的柔和度，如下图所示。

 提个醒：柔和度越大，肖像画应用的面积越大，反之则越小。

STEP 05 单击"确定"按钮，完成肖像画滤镜的设置。

 提个醒：选择不同的滤镜，此处的参数设置面板都会有所变化，这里介绍的内容只做参考，具体设置以用户实际选择的滤镜为准。

6.4 常用滤镜特效解析

在会声会影X3中，包含了众多的视频滤镜效果。用户可以直接使用默认的各种效果，也可以通过修改设置，来应用自定义的动态滤镜效果。下面详细介绍各种视频滤镜的功能及其参数设置方法。

6.4.1 二维映射滤镜

在"滤镜"素材库中，选择"二维映射"滤镜组，这里包含了6种同类滤镜，如下图所示。

1 修剪

"修剪"滤镜用于修剪视频画面，用指定的色彩遮挡视频的局部区域。它可以把4:3的标准模式影片，模拟成16:9的宽屏影片效果。其滤镜设置对话框如右图所示。

选　项	说　明
宽度	以百分比设置修建宽度。100%为原始宽度，当设置为小于该比率时，则会自动按照设置参数来修剪画面宽度
高度	以百分比设置修建高度。100%为原始高度，当设置为小于该比率时，则会自动按照设置参数来修剪画面高度

 提个醒：想制作16:9的宽屏效果，可以将"高度"设置为75%。

选　项	说　明
填充色	可以指定一种色彩作为覆盖区域的背景色
静止	勾选此复选框后，无法拖曳原图中十字标记所在修剪框的位置

2 翻转

"翻转"滤镜用于模拟视频画面水平或垂直翻转的效果。其滤镜设置对话框如右图所示。

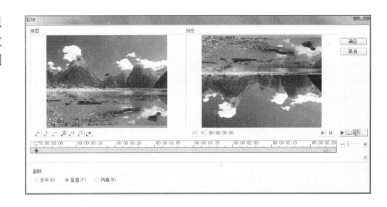

选　项	说　明
水平	以水平方向进行视频翻转
垂直	以垂直方向进行视频翻转
两者	以水平和垂直方向同时进行视频翻转

3 涟漪

　　"涟漪"滤镜用于在图像上添加波纹，从而在画面中产生如水波一样的特殊效果。其滤镜设置对话框如右图所示。

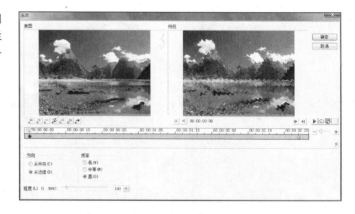

选　项	说　明
方向	选中"从中央"单选项，可使波纹从图像的中央开始，以环形向外扩散；选中"从边缘"单选项，则产生波纹在画面上不断涌动的效果
频率	设置的值越高，波纹圈数越多
程度	设置的值越高，波浪就越大

4 波纹

　　"波纹"滤镜与"涟漪"滤镜相同，也是用于在画面上添加波纹。不同的是，"波纹"滤镜更像滴落在画面上的水珠喷溅效果。其滤镜设置对话框如右图所示。

选　项	说　明
添加/删除波纹	单击按钮，可以在画面添加新波纹；单击按钮，则删除当前的波纹
静止	勾选"静止"复选框，将无法拖曳原图中十字标记的位置
波纹半径	调整波纹影响范围的大小
涟漪强度	调整波纹的起伏程度

5 **水流**

"水流"滤镜用于在图像上添加水流过的效果，好像在画面中出现了流水一样。其滤镜设置对话框如右图所示。

选　项	说　明
程度	调整水流效果对画面的影响程度，数值过高，画面扭曲效果越明显

6 **漩涡**

"漩涡"滤镜可以让画面扭曲变形，使画面产生漩涡状效果。其滤镜设置对话框如右图所示。

选　项	说　明
方向	选中"逆时针"单选项，将按逆时针方向进行旋转；选中"顺时针"单选项，将按顺时针方向旋转
扭曲	设置旋转程度，数值越高，扭曲程度越大

6.4.2　三维纹理映射滤镜

在"滤镜"素材库中，选择"三维纹理映射"滤镜组，这里包含了3种同类滤镜，如右图所示。

1 鱼眼

"鱼眼"滤镜可以将当前视频画面模拟成类似于凸出的鱼眼一般的效果。其滤镜设置对话框如右图所示。

选 项	说 明
光线方向	可以选择从中央还是从边界开始投射光源，设置鱼眼的光线强弱

2 往内挤压

"往内挤压"滤镜可以将当前视频画面模拟成从四周向中间进行挤压的效果，产生渐远的三维效果。其滤镜设置对话框如右图所示。

选 项	说 明
因子	用于调节挤压的力度，数值越大，效果越好

3 往外扩张

"往外扩张"滤镜与"往内挤压"滤镜完全相反，它可以模拟从中间部分向外扩张的凸出三维效果。其滤镜设置对话框如右图所示。

 提个醒：这里的参数选项与"往内挤压"滤镜完全相同。

6.4.3 调整滤镜

在"滤镜"素材库中，选择"调整"滤镜组，这里包含了6种同类滤镜，如下图所示。

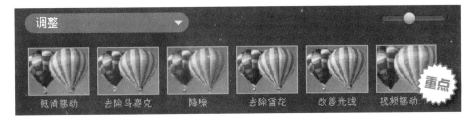

1 抵消摇动

"抵消摇动"滤镜主要用于校正或稳定由于摄像机在拍摄过程中错误操作所造成的摇晃。其滤镜设置对话框如右图所示。

选　项	说　明
程度	用于控制抵消摇动的程度，数值越高，效果越明显
增大尺寸	拖曳滑块可以按百分比增大画面的尺寸

2 去除马赛克

"去除马赛克"滤镜可以通过调整压缩比例，让画面呈现比较柔和的状态，从而使一些具有马赛克效果的画面显得比较平滑。其滤镜设置对话框如右图所示。

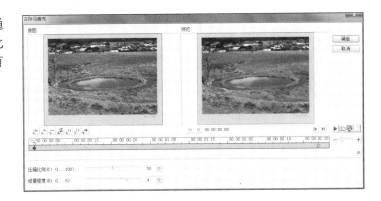

选　项	说　明
压缩比例	调整画面压缩的比例程度，值越大，画面越柔和
修复程度	设置去除马赛克的程度，值越大，画面越柔和

3 降噪

"降噪"滤镜用于通过检查画面中的边缘区域，然后对其进行模糊处理，同时保留原来画面中的细节。其滤镜设置对话框如右图所示。

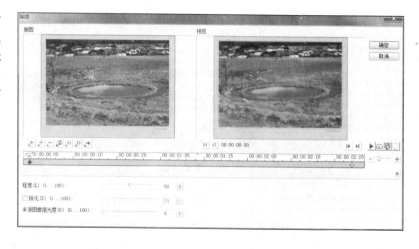

选 项	说 明
程度	数值越高，降噪程度越强
锐化	勾选此复选框，可以调节画面中产生的颗粒，使画面更加清晰
来源图像阻光度	控制来源图像被去除杂色影响后的出现程度

一点通：锐化不能过量，否则画面会产生过度"曝光"效果。

4 去除雪花

"去除雪花"滤镜主要用于改善并减少在光线较暗环境下拍摄有杂点的视频画面，它可以去除锯齿噪声，使画面呈现细腻的影像。其滤镜设置对话框如右图所示。

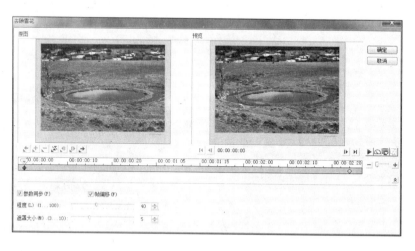

选 项	说 明
参数同步	勾选后所有设置参数会同步进行识别
帧偏移	勾选后在消除杂点时，会自动进行帧画面偏移
程度	调整去除杂点的程度，数值越高，效果越明显
遮罩大小	设置对于杂点的识别程度，数值越高，越多的杂点会被识别为雪花在画面中消除

5　改善光线

"改善光线"滤镜用于改善视频的曝光程度，适合校正光线较差的视频影片。其滤镜设置对话框如右图所示。

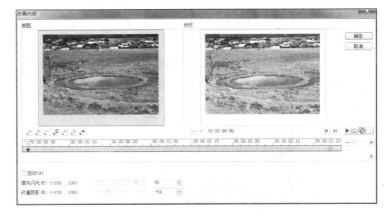

选　项	说　明
自动	勾选此复选框，程序全自动对画面的敏感平衡进行调节
填充闪光	数值越小，画面整体变暗；数值越大，画面整体变亮
改善阴影	数值越小，将加亮暗部区域；数值越大，将降低高光区域的亮度

6　视频摇动和缩放

"视频摇动和缩放"滤镜类似于"图像"选项卡中的"摇动和缩放"功能，可用于模拟在拍摄时镜头的拉伸和摇动的效果。其滤镜设置对话框如右图所示。

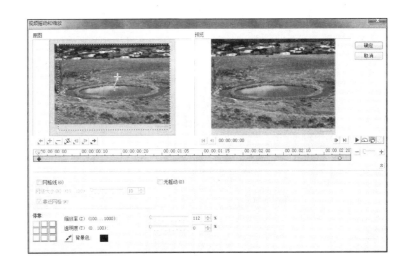

选　项	说　明
网格线	勾选此复选框，将在原图窗口中显示网格线
网格大小	可调整网格线的大小
靠近网格	勾选后控制操作将贴接网格线
无摇动	勾选此复选框后，将不产生摇动效果
停靠	单击不同□按钮，可以自定义设置关键帧的移动方向
缩放率	设置画面缩放比例
透明度	设置画面的透明效果
背景色	更换图像的背景颜色

6.4.4 相机镜头滤镜

在"滤镜"素材库中，选择"相机镜头"滤镜组，这里包含了13种同类滤镜，如下图所示。

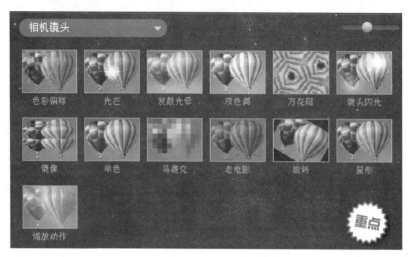

1 色彩偏移

　　"色彩偏移"滤镜是一种比较独特的视觉效果，它可以使画面某种颜色错位，从而模拟出红、绿、蓝三原色进行重叠所产生的效果。其滤镜设置对话框如下图所示。

选　项	说　明
X、Y	在X、Y中输入不同数值，可以调整对应色彩的偏移量
环绕	勾选此复选框，可以使画面中偏移出的色彩延伸并填充到另外一侧未定义的空白区域

2 光芒

"光芒"滤镜用于在视频画面上添加旋转的星芒光束效果。其滤镜设置对话框如右图所示。

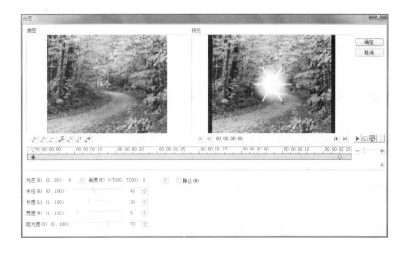

选　项	说　明
光芒	用于设置光芒的边数
角度	用于设置光芒的旋转角度
半径	用于调整光晕的半径
长度	用于调整光线的长度
宽度	用于调整光线的宽度
阻光度	用于控制光芒的透明度
静止	勾选此复选框,将不能在画面上拖曳光芒产生的位置

3 发散光晕

"发散光晕"滤镜可以在画面中应用发散光晕,模拟出在摄像机镜头上加装柔光镜的拍摄效果。其滤镜设置对话框如右图所示。

选　项	说　明
阈值	设置光晕效果的区域大小
光晕角度	设置光晕效果的光晕效果强度
变化	设置添加到光晕中杂点的强度大小

4 双色调

　　"双色调"滤镜可以以不同的颜色来表示画面的灰度级别，其深浅由颜色的浓淡来实现，它可以让画面产生特别的艺术化效果。其滤镜设置对话框如右图所示。

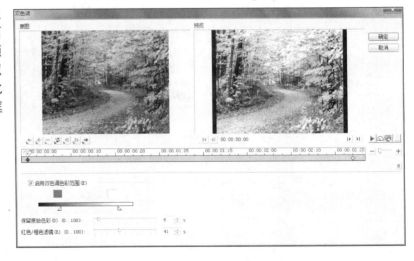

选　项	说　明
启用双色调色彩范围	选中此复选框后，将把双色调效果应用到画面中，不勾选则应用黑白效果
色彩方框	设置双色调所使用的颜色及浓度
保留原始色彩	拖曳滑块，可以设置是否保留更多的原始画面色彩
红色/橙色滤镜	模拟红色/橙色滤光镜加装在镜头前的效果

5 万花筒

　　"万花筒"滤镜用于模拟在画面中产生万花筒的拼贴效果。其滤镜设置对话框如右图所示。

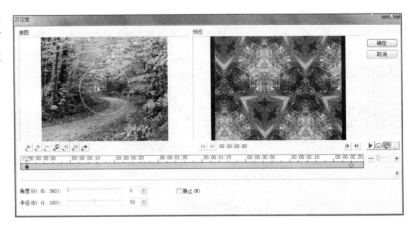

选　项	说　明
角度	用于设置发射图形的角度
半径	设置反射图形的取样半径
静止	选此复选框，反射区域将被静止，不能自定义设置控制点的位置

6　镜头闪光

"镜头闪光"滤镜可以在画面上添加一个发亮的闪光，产生类似于在注视太阳时看到的闪光效果。其滤镜设置对话框如右图所示。

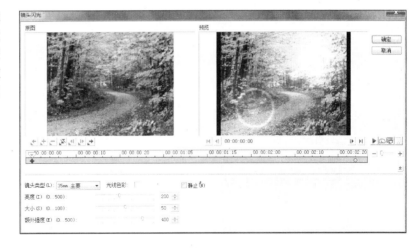

选　项	说　明
镜头类型	可以选择不同的镜头类型，每个镜头类型将产生不同的闪光效果
光线色彩	单击色块可以改变光线的颜色
亮度	调节光线的明暗程度
大小	调节光线的发射大小
额外强度	调节周围光线的强度，数值越高，图像越亮

7　镜像

"镜像"滤镜可以将画面分割、重复，使其在同一画面上形成多个副本效果。其滤镜设置对话框如右图所示。

选　项	说　明
方向	可以设置是以水平还是垂直方向来应用滤镜效果
镜像大小	设置镜像画面的大小

8 单色

"单色"滤镜用于去除画面中的所有颜色信息，同时指定某一种单色到画面上。其滤镜设置对话框如下图所示。

选 项	说 明
单色	单击"单色"右侧的■色块，可以设置要指定的颜色

9 马赛克

"马赛克"滤镜可以将画面分裂为一块块类似龟裂的矩形块效果。其滤镜设置对话框如下图所示。

选 项	说 明
宽度	设置马赛克效果形成的矩形块宽度
高度	设置马赛克效果形成的矩形块高度

10　老电影

"老电影"滤镜可以让视频画面产生20世纪60～70年代的老旧胶片电影效果。其滤镜设置对话框如右图所示。

选　项	说　明
斑点	设置在画面上出现的斑点数量
刮痕	设置在画面上出现的刮痕数量
震动	设置画面的晃动程度
光线变化	设置画面上光线的明暗变化程度
替换色彩	指定需要使用的单色色彩

11　旋转

"旋转"滤镜可以让视频画面产生不断旋转的特殊效果。其滤镜设置对话框如右图所示。

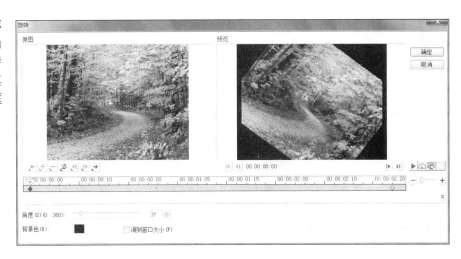

选　项	说　明
角度	通过设置数值大小可以更改旋转角度
背景色	单击色块可选择背景色彩
调到窗口大小	选中此复选框后可以让旋转的视频画面缩小以匹配屏幕

12 星形

"星形"滤镜可以在画面上添加动态的星光效果。其滤镜设置对话框如右图所示。

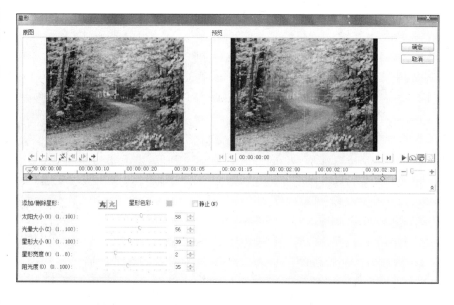

选　　项	说　　明
添加/删除星形	单击 按钮增加星形，单击 按钮删除星形
星形色彩	设置星形的颜色
静止	勾选此复选框后将无法拖曳星形所在位置
太阳大小	调整中央区域的大小
光晕大小	调整外部区域的大小
星形大小	设置星形射线的大小
星形宽度	调整射线的相对大小
阻光度	设置星形的透明程度

13 缩放动作

"缩放动作"滤镜可以使画面由于镜头运动而产生缩放效果。其滤镜设置对话框如右图所示。

选　项	说　明
模式	选中"相机"单选项，模拟镜头运动效果；选中"光线"单选项，模拟自然光源运动的效果
速度	设置动态效果的强烈程度

6.4.5　Corel FX滤镜

在"滤镜"素材库中，选择"Corel FX"滤镜组，这里包含了7种同类滤镜，如下图所示。

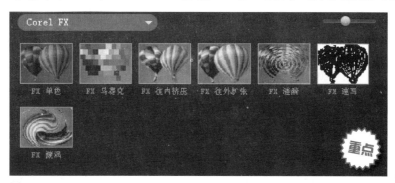

由于FX滤镜组中的滤镜效果与前面介绍的大部分滤镜重复，如单色、马赛克等，这里就不再一一复述，只简单介绍FX速写。

"FX速写"滤镜可以让视频画面产生类似于绘制速写画时产生的黑白线描效果。其滤镜设置对话框如右图所示。

选　项	说　明
像素	拖曳滑块或设置数值，可以修改线描的粗细程度
阈值	拖曳滑块或设置数值，可以修改线描的简繁程度
模式	包括"速写"和"覆叠"单选项，速写可以实现黑白线描效果，覆叠可以实现彩色线描效果

 提个醒：相比其他同类滤镜，FX滤镜可以理解为加强版，它所产生的效果比普通滤镜效果更加明显。

6.4.6　暗房滤镜

在"滤镜"素材库中，选择"暗房"滤镜组，这里包含了9种同类滤镜，如下图所示。

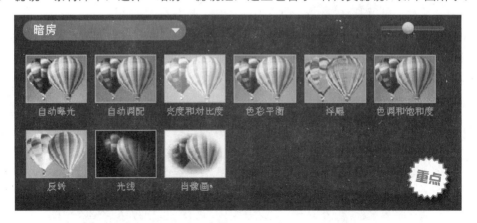

1　自动曝光

"自动曝光"滤镜可以自动分析并调整画面的亮度和对比度，从而改善视频的明暗程度。"自动曝光"滤镜没有可设置的参数信息，其滤镜设置对话框如右图所示。

2　自动调配

"自动调配"滤镜与"自动曝光"滤镜类似，也可以对视频进行自动校正，它除了对画面亮度对比度进行调整，还会自动修整画面的色彩效果。"自动调配"滤镜也没有可设置的参数信息，其滤镜设置对话框如右图所示。

3　亮度和对比度

"亮度和对比度"滤镜可以帮助用户通过手动方式来自定义视频的亮度和对比度。其滤镜设置对话框如下图所示。

选 项	说 明
通道	在这里可以选择主要、红色、绿色或者蓝色通道。其中，主通道可以对全图进行调整，而选择其他通道只能对相应通道进行调整
亮度	调整图像的明暗程度
对比度	调整图像的明暗对比
Gamma	调整图像的明暗平衡

　一点通：在会声会影X3中，通道包含了图像或者视频素材中的颜色信息，提供了红、绿、蓝三种通道（分别代表三原色，即红色、绿色和蓝色）。用户可以通过对这三种通道的不同选择，来分别修改对应的颜色信息。而全通道，则代表三原色组成的素材上的原始色调。

4　色彩平衡

　　"色彩平衡"滤镜可以改变图像中颜色混合的情况，使画面颜色更趋于协调。其滤镜设置对话框如右图所示。

选 项	说 明
红	调整红色颜色信息
绿	调整绿色颜色信息
蓝	调整蓝色颜色信息

5 浮雕

　　"浮雕"滤镜可以将画面颜色转换为覆盖色，并用原填充色勾勒边缘，使选区产生突出或下陷的浮雕效果。其滤镜设置对话框如右图所示。

选　项	说　明
光线方向	设置画面上阴影的方向，使图像的突起和下凹部分产生变化
覆盖色彩	设置浮雕效果的覆盖颜色
深度	设置浮雕效果的立体程度

6 色调和饱和度

　　"色调和饱和度"滤镜可以调整画面上的颜色以及色彩的饱和度。其滤镜设置对话框如右图所示。

选　项	说　明
色调	调整图像的色调
饱和度	设置图像的饱和度，全面减少饱和度可以使画面变为灰度；全面增加饱和度可以使画面色彩异常丰富

7 反转

　　"反转"滤镜会将画面进行反转，对颜色信息进行互补处理，相当于正片与负片的效果。"反转"滤镜没有可设置的参数信息，其滤镜设置对话框如下图所示。

8 光线

"光线"滤镜用于在画面中添加光束照射的效果。其滤镜设置对话框如下图所示。

选 项	说 明
添加/删除光线	单击🔍按钮可在画面中增加光线，单击🔍按钮则删除光线
光线色彩	设置光源照射中间部位的色彩效果
外部色彩	设置光源四周的色彩效果
距离	设置光源照射的距离
曝光	设置光源照射的曝光值
静止	勾选此复选框后，将禁止拖曳光线位置
高度	设置光源的角度范围
倾斜	设置光源的照射方向
发散	设置光线的发射范围

9 肖像画

"肖像画"滤镜可以在画面上添加柔和的边缘效果，从而更加突出主题内容。其滤镜设置对话框如下图所示。

选　项	说　明
镂空罩色彩	设置画面边缘镂空部分的填充色彩
形状	设置镂空部分的填充形状
柔和度	设置边缘的柔和程度，数值越高，柔和效果越明显

6.4.7　焦距滤镜

在"滤镜"素材库中，选择"焦距"滤镜组，这里包含了3种同类滤镜，如下图所示。

1　平均

"平均"滤镜可以查找图像或选定范围中的平均色，并将其填充到当前图像中，从而产生模糊效果。其滤镜设置对话框如右图所示。

选　项	说　明
方格大小	设置查找平均色的范围，数值越大，画面模糊程度越明显

2 模糊

"模糊"滤镜通过对画面边缘的相邻像素进行平均化，从而产生平滑的过渡效果，使画面更加柔和。其滤镜设置对话框如右图所示。

选　项	说　明
程度	设置画面的模糊程度

> 提个醒：'模糊'滤镜比"平均"滤镜的模糊程度稍弱一些。

3 锐化

"锐化"滤镜可以使画面细节变得更为清晰。其滤镜设置对话框如右图所示。

选　项	说　明
程度	设置画面的锐化程度

6.4.8 自然绘图滤镜

在"滤镜"素材库中，选择"自然绘图"滤镜组，这里包含了7种同类滤镜，如下图所示。

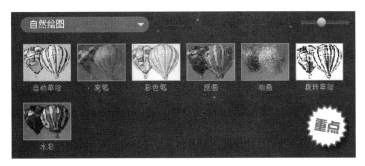

1 自动草绘

"自动草绘"滤镜的功能非常强大，它可以捕捉图像素材或者视频素材第一帧的画面，并且自动进行可见的绘画过程，就像用户自己完成一幅画的整个绘制过程一样。其滤镜设置对话框如右图所示。

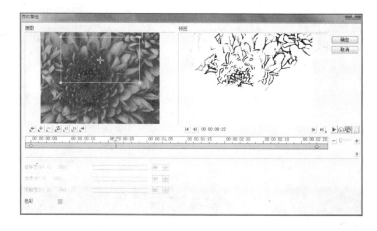

选 项	说 明
精确度	绘制画面时的精确程度
亮度	调节画面绘制时的亮度
阴暗度	调节画面中暗色调的大小
色彩	设置绘画时开始使用的颜色

 提个醒：与其他滤镜相比，"自动草绘"滤镜更适合应用于图像素材。

2 炭笔

"炭笔"滤镜可以在画面中主要边缘用粗线进行重绘操作，在画面中间色调部位使用对角线进行重绘，从而产生炭笔涂抹般的效果。其滤镜设置对话框如右图所示。

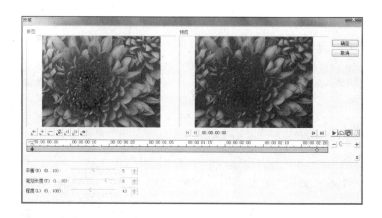

选 项	说 明
平衡	调整绘制区域与原始画面之间的明暗平衡
笔划长度	设置炭笔进行重绘时的笔触长度
程度	调节炭笔进行重绘时对画面的影响程度

3 彩色笔

"彩色笔"滤镜用于模拟彩色铅笔在画面上进行涂抹的效果。其滤镜设置对话框如右图所示。

选 项	说 明
程度	控制"彩色笔"在画面上涂抹的效果

4 漫画

"漫画"滤镜用于使画面呈现出漫画风格的效果。其滤镜设置对话框如右图所示。

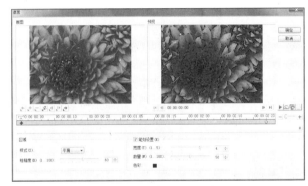

选 项	说 明
样式	设置重绘画面的样式，可以选择"平滑"或者"平坦"
粗糙度	调整画面的简化程度
笔划设置	勾选此复选框后，可以进行宽度、数量和色彩的调节
宽度	设置笔划绘制的宽度
数量	设置笔触的多少
色彩	设置画笔的颜色

5 油画

"油画"滤镜通过丰富的图像色彩，模拟出类似油画般的画面效果。其滤镜设置对话框如右图所示。

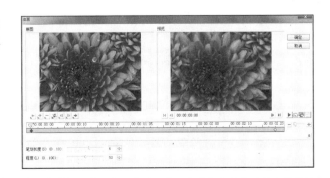

选　项	说　明
笔划长度	设置笔划的细节
程度	控制油画效果的程度，数值越大，效果越明显

6　旋转草绘

　　"旋转草绘"滤镜实现的效果与"自动草绘"滤镜效果相同，但是不能够产生动态的绘制过程。其滤镜设置对话框如右图所示。

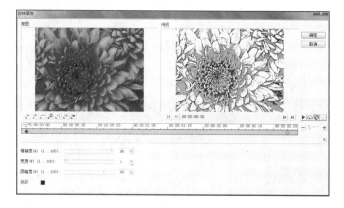

选　项	说　明
精确度	绘制画面时的精确程度
宽度	设置绘制画面时笔触的宽度
阴暗度	调节画面中暗色调的大小
色彩	设置绘画时开始使用的颜色

7　水彩

　　"水彩"滤镜可以丰富图像中的色彩，来模拟水彩画的效果。其滤镜设置对话框如右图所示。

选　项	说　明
笔划大小	设置笔划的长短
湿度	控制水彩笔的含水效果

6.4.9　NewBlue样品效果滤镜

　　在"滤镜"素材库中，选择"NewBlue 样品效果"滤镜组，这里包含了5种同类滤镜，如下图所示。

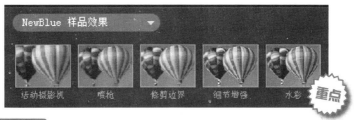

1　NewBlue活动摄影机

　　"NewBlue活动摄影机"滤镜可以快速实现专业摄影师拍摄的各类动态效果,让平凡无奇的视频转眼变成专业的电影级作品。其滤镜设置对话框如右图所示。

　　单击"NewBlue活动摄影机"对话框下方的滤镜模版,可以为当前素材应用已经设置好的各种镜头效果,如果需要自由设置,可以在左上角进行自定义调节,同时在右侧的预览框中会即时显现调节的效果。

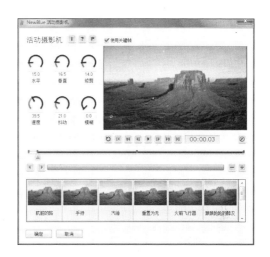

选　项	说　明
水平	调节水平摇晃的速度和力度
垂直	调节垂直摇晃的速度和力度
修剪	调节前后摇晃的速度和力度
速度	调节总体效果的摇晃速度
抖动	调节总体效果的摇晃力度
模糊	调节摇晃时产生的模糊效果

2　NewBlue喷枪

　　"NewBlue喷枪"滤镜可以在视频素材上实现类似于喷枪喷绘色彩后的效果。其滤镜设置对话框如右图所示。

选　项	说　明
喷洒	通过调节喷洒的力度,来控制画面的湿润程度
边缘	设置画面边缘的喷洒效果

3 NewBlue修剪边界

"NewBlue修剪边界"滤镜可以模拟在视频上进行修剪后的效果。其滤镜设置对话框如右图所示。

选　项	说　明
水平修剪	调节对视频画面进行水平的缩放
垂直修剪	调节对视频画面进行垂直的缩放
羽毛	对修剪边界进行羽化处理
修剪样式	选择修剪时可使用的样式模版

4 NewBlue细节增强

"NewBlue细节增强"滤镜可以在视频上进行锐化处理，使视频素材更加清晰。其滤镜设置对话框如右图所示。

选　项	说　明
强度	调节画面清晰度的强弱

5 NewBlue水彩

"NewBlue水彩"滤镜可以在当前视频素材中模拟水彩画的效果。其滤镜设置对话框如右图所示。

选　项	说　明
色彩	调节色彩颜色的浓度
亮度	调节视频色彩的亮度
对比度	调节视频色彩的明暗对比度
刷子宽度	调节模拟色彩涂抹的刷子宽度
混合	使画面模糊或者清晰

6.4.10　NewBlue视频精选Ⅱ滤镜

在"滤镜"素材库中，选择"NewBlue 视频精选Ⅱ"滤镜组，只包含了 "画中画"滤镜，如下图所示。

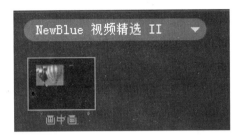

"NewBlue画中画"滤镜可以快速实现将当前视频素材模拟成一个画框，同时在当前视窗中进行各种变化的特殊效果。其滤镜设置对话框如右图所示。

"NewBlue画中画"滤镜的选项很多，单击"NewBlue画中画"对话框下方的滤镜模板，可以为当前素材应用已经设置好的各种镜头效果，如果需要自由设置，可以在左上角进行自定义调节，同时右侧预览窗会即时显现调节的效果。

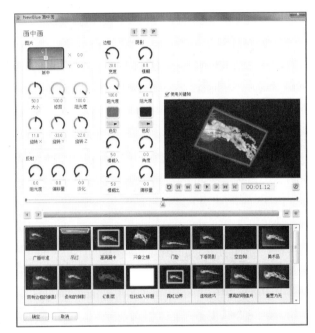

选　项	说　明
居中	通过修改X/Y轴的数值来定位素材在画面中的位置
大小	调整当前素材在画面中的大小
修剪	放大和缩小当前视频素材
阻光度	设置当前素材的感光透明度
旋转X	沿X轴进行旋转
旋转Y	沿Y轴进行旋转
旋转Z	沿Z轴进行旋转
反射	在此选项下，可以设置当前素材投影的各种效果，如阻光度、偏移位置、淡化效果等
边框	在此选项下，可以设置当前素材边框的各种效果，如宽度、阻光度、色彩等
阴影	设置当前素材的阴影效果，如模糊、透明度、颜色等

6.4.11 特殊滤镜

在"滤镜"素材库中，选择"特殊"滤镜组，这里包含了7种滤镜效果，如下图所示。

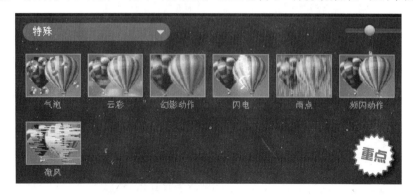

1 气泡

"气泡"滤镜可以在画面中添加动态的气泡效果。其滤镜设置对话框如右图所示。

提个醒："特殊"滤镜组中的滤镜，通常都有基本和高级两种选项可供设置。

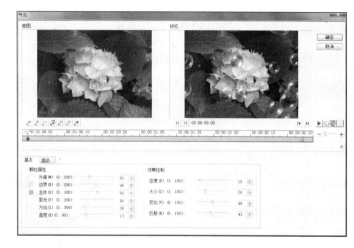

"基本"设置选项如下。

选 项	说 明
外部	控制外部光线
边界	设置边缘或边框的色彩
主体	设置内部或主体的色彩
聚光	设置聚光的强度
方向	设置光线照射的角度
高度	设置光线的水平高度
密度	设置气泡的数量
大小	设置气泡的大小
变化	设置气泡大小的随机变化
反射	调整气泡表面的反射方式

"高级"设置选项如下。

选　项	说　明
速度	设置气泡的动态速度
流动方向	设置气泡的移动角度
湍流	设置气泡从移动方向上偏离的变化程度
振动	设置气泡摇摆运动的强度
区间	设置气泡的动画周期
发散宽度	设置气泡发散的区域宽度
发散高度	设置气泡发散的区域高度
动作类型	设置气泡的运动方式
调整大小的类型	用于指定发散时，气泡大小变化

提个醒：只有勾选了"发散"选项，"区间"、"发散宽度"、"发散高度"、"调整大小的类型"复选框才能设置。

2　云彩

"云彩"滤镜用于在视频画面上添加流动的云彩效果。其滤镜设置对话框如右图所示。

提个醒："云彩"滤镜设置对话框中的"高级"选项与"气泡"滤镜设置对话框一样，这里不再复述。

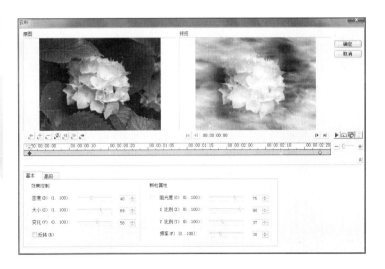

"基本"设置选项如下。

选　项	说　明
密度	设置云彩的数目
大小	设置单个云彩大小的上限
变化	设置云彩大小的变化
反转	勾选此复选框，可以使云彩的透明和非透明区域进行翻转
阻光度	设置云彩的透明度
X比例	设置水平方向的平滑度
Y比例	设置垂直方向的平滑度
频率	设置破碎云彩或颗粒的数量

3 幻影动作

　　"幻影动作"滤镜可以在视频画面上模拟出在满速、长时间曝光状态下拍摄画面所形成的幻影效果。其滤镜设置对话框如右图所示。

选　项	说　明
混合模式	设置幻影移动后图像与原图的叠加方式
步骤边框	设置由于幻影而产生的边框的重复数量
步骤偏移量	设置幻影边框的偏移程度
时间流逝	设置幻影边框随时间推移的变化情况
缩放	设置画面的缩放变化效果
透明度	设置幻影画面与原始画面的头目叠加程度
柔和	在幻影画面上应用模糊效果
变化	设置幻影的随机变化程度

4 闪电

　　"闪电"滤镜用于在画面中添加闪电照射的效果。其滤镜设置对话框如右图所示。

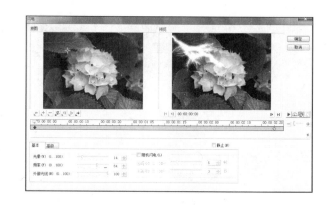

　　"基本"设置选项如下。

选　项	说　明
光晕	设置闪电发散出的光晕大小
频率	设置闪电旋转扭曲的次数
外部光线	设置闪电对周围环境的照亮程度
随机闪电	选中此复选框后，将随机生成动态的闪电效果
区间	以"帧"为单位设置闪电的出现频率
间隔	以"秒"为单位设置闪电的出现频率

"高级"设置选项如下。

选　项	说　明
闪电色彩	设置闪电的颜色
因子	随机改变闪电的方向
幅度	设置闪电分支移动的范围，调整闪电振幅
亮度	增强闪电的亮度
阻光度	设置闪电的透明度
长度	设置闪电分支的大小

5　雨点

"雨点"滤镜用于在画面中添加雨丝的效果。其滤镜设置对话框如右图所示。

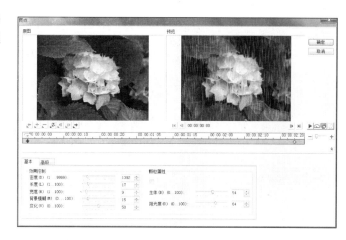

"基本"设置选项如下。

选　项	说　明
密度	设置雨点的数量
长度	设置雨丝的长度
宽度	设置雨丝的宽度
背景模糊	设置背景画面被雨滴模糊的程度
变化	设置颗粒大小的变化
主体	设置雨滴打在画面上的重量
阻光度	设置雨幕的可见程度

"高级"设置选项如下。

选　项	说　明
速度	设置雨滴的加速度
风向	设置雨滴倾斜的风向
湍流	设置雨滴从移动方向上偏离的变化程度
振动	设置雨滴摇摆运动的强度

6 **频闪动作**

"频闪动作"滤镜用于模拟在频闪光线下视频画面出现的幻影效果。其滤镜设置对话框如右图所示。

选　项	说　明
步骤边框	设置由于幻影而产生的边框的重复数量
步骤偏移量	设置幻影边框的偏移程度
缩放	设置画面的缩放变化效果
透明度	设置幻影画面与原始画面的透明叠加程度
重测时间	设置频闪的重测时间间隔

7 **微风**

"微风"滤镜可以使画面中产生被风吹动的特殊效果。其滤镜设置对话框如右图所示。

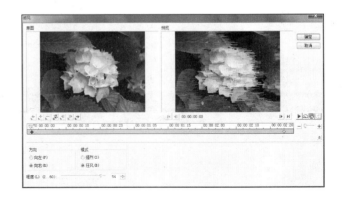

选　项	说　明
向左	选中此单选项，风向左吹
向右	选中此单选项，风向右吹
强烈	产生微风到强风的感觉
狂风	产生飓风大作的感觉
程度	设置风吹强度的效果

6.4.12　标题效果滤镜

在"滤镜"素材库中，选择"标题效果"滤镜组，这里包含了多达27种滤镜，它们都是从前面所介绍的各滤镜组中挑选出来的，主要用于对标题进行特殊效果应用的滤镜，如下图所示。

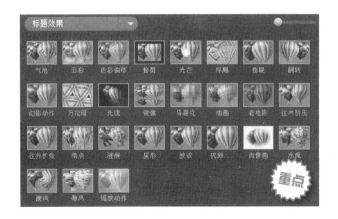

 提个醒：由于这些滤镜在前面都已经做过介绍，这里就不再复述了。

技能实训　打造手绘漫画过程

通过会声会影X3的各种新奇滤镜，可以帮助用户实现很多平时只有在电视上才能实现的特殊效果。在这里，我们来轻松打造类似专业漫画师绘制漫画的场景。

实训目标

本技能的实训将让读者达到以下目标：

- 学会"自动草绘"滤镜的添加
- 了解绘图创建器的使用
- 学会素材的调整

操作步骤

光盘同步文件

素材文件：光盘\素材文件\Chapter 06\601.bmp

项目文件：光盘\结果文件\Chapter 06\打造手绘漫画过程.vsp

同步视频文件：光盘\视频教程\Chapter 06\技能实训.avi

STEP 01 在会声会影素材库中添加本书配套光盘中的"素材文件\Chapter 06\601.bmp"文件，然后添加到视频轨中，如下图所示。

STEP 02 在选项面板中将当前图像素材的区间更改为0:01:00:00，如下图所示。

STEP 03 ❶ 切换到"自然绘图"滤镜素材库，选择"自动草绘"滤镜，❷ 添加到图像素材上，如下图所示。

STEP 04 再次在当前图像素材结尾处，添加该素材，如下图所示。

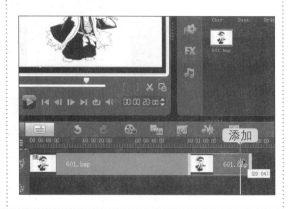

STEP 05 单击工具栏中的"绘图创建器"按钮，如下图所示。

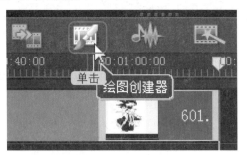

STEP 06 单击左上方的"背景图像选项"对话框，如下图所示。

STEP 07 打开"背景图像选项"对话框，❶ 在"自定义图像"选项中设置视频轨中所添加的素材路径，❷ 单击"确定"按钮即可导入素材，如下图所示。

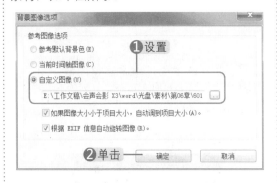

STEP 08 在左上方设置画笔大小为9，如下图所示。

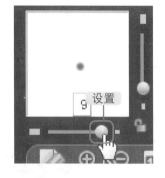

 提个醒：这里添加同样的背景图像，便于在绘制动画过程中影响到素材本身。

STEP 09 单击右侧的"开始录制"按钮，如下图所示。

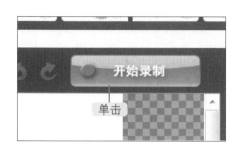

STEP 10 ❶在绘图窗口右下侧绘制年份和月份，❷单击上方的"停止录制"按钮，如下图所示。

STEP 11 单击"确定"按钮，完成动画的录制，并自动将绘制过程视频输出并保存到视频素材库中，如下图所示。

> 提个醒：关于覆叠轨的详细应用技巧，请用户参考本书后续章节内容。

STEP 12 ❶在视频素材库选择录制的动画，❷拖到覆叠轨中，注意位置在第1段图像素材的最后，如下图所示。

STEP 13 调整视频轨中第2段图像素材的播放区间，使其与覆叠轨的录制动画播放区间一致，如下图所示。

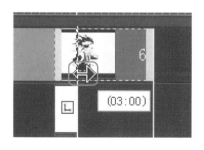

STEP 14 预览当前制作的漫画手绘视频效果，如下图所示。

想一想，练一练

通过对本章内容的学习，请用户完成以下练习题。

（1）为视频素材添加"闪电"滤镜效果。
（2）对"闪电"滤镜进行效果调节。
（3）为图像素材添加"涟漪"滤镜效果。
（4）对"涟漪"滤镜进行效果调节。
（5）为视频素材应用特殊滤镜效果。

Chapter

07

应用视频转场效果

● 本章导读

　　在大多数影视作品中，经常会出现从一个视频场景切换到另一个视频场景的镜头。在会声会影里，这种切换操作称为"转场"。用户可以通过软件中所提供的大量的转场效果，让自己的视频作品过渡得更为自然。

● 本章学完后应会的技能

- ● 了解转场选项面板
- ● 添加转场效果
- ● 自定义转场效果
- ● 掌握常用转场效果

● 本章多媒体同步教学文件

- 光盘\视频教程\Chapter 07\7-2-1.avi、7-2-2.avi
- 光盘\视频教程\Chapter 07\7-3-1.avi、7-3-2.avi
- 光盘\视频教程\Chapter 07\技能实训.avi

7.1　转场选项面板

在会声会影X3中，为用户提供了很多的转场效果模板，用户可以使用这些模板轻易地为视频媒体添加各种转换效果。

7.1.1　认识转场

转场是指在播放两段不同的素材画面时，在它们中间添加一段用来过渡的特殊效果，使画面看上去更为自然。在会声会影X3中包含了众多的转场效果，具体怎么搭配还需要用户自己亲自尝试，转场效果如下图所示。

第1段素材

转场效果

第2段素材

7.1.2　转场素材库

在素材库面板中单击"转场"图标，切换到"转场"素材库，在这里可以选择当前会声会影X3中自带的16组转场素材，如下图所示。

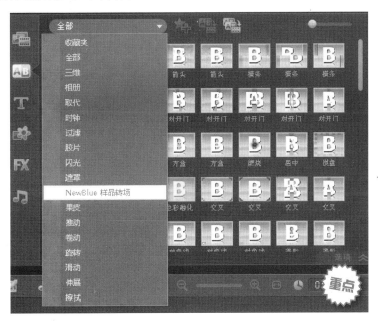

选择不同的转场素材库类型，会在下方显示当前类型下的所有转场效果。同时在画廊右侧，还包含了几个转场专用功能按钮。

选 项	说 明
★ 添加至收藏夹	单击后自动将所选转场素材添加到收藏夹
对视频应用当前效果	单击后自动将所选转场应用到当前视频轨中的素材
对视频应用随机效果	单击后自动将转场效果随机应用到视频轨中的素材

7.1.3 "转场"选项面板

"转场"选项面板与"视频"和
"图像"选项面板不同，只有在视频
轨中添加两段或以上的素材，并且在
两段素材中间添加了转场效果并选中
后，才会显示"转场"选项面板，如
右图所示。

添加的转场效果不同，在这里
出现的选项面板也不尽相同，下面以
NewBlue类型转场为例进行介绍。

1 边框

用在转场效果中，沿着转场效果边缘添加边
框效果，如右图所示。

 提个醒：只有在数值大于1时才会显示
边框。

2 色彩

单击色彩图框，会打开两个调色板供用户选
择，单击调色板中的色彩，即可对当前转场效果
应用相同色彩，如右图所示。

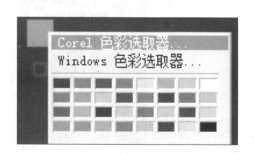

选 项	说 明
Corel色彩选取器	单击会打开Corel公司设置的色彩选取器
Windows色彩选取器	单击会打开Windows系统设置的色彩选取器

 提个醒：对于普通用户来说，这两个色板之间的实际效果没有区别。

3 柔化边缘

单击不同的按钮，可以让转场效果的边缘产生柔和的效果，从左到右依次为无、若、中等和强柔化边缘，如右图所示。

4 自定义

单击"自定义"图标，可自定义转场效果的属性，不同转场所打开的可定义面板不完全一致，部分转场甚至没有自定义选项，如右图所示。

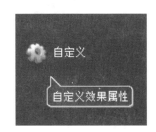

7.2 添加转场效果

在会声会影中，要为视频轨中素材场景添加转场效果的方法主要有两种。下面分别对其进行讲解。

7.2.1 手动添加转场效果

通过拖曳的方式添加需要的转场效果是最为简便的方法，下面就来练习如何在多段不同的场景中添加转场效果。

光盘同步文件 同步视频文件：光盘\视频教程\Chapter 07\7-2-1.avi

STEP 01 在会声会影X3中的"故事板视图"中任意添加几段视频素材，如下图所示。

 提个醒：为了便于观察转场效果，这里以在"故事板视图"中进行转场效果的添加为例进行介绍。

STEP 02 ❶ 在素材库面板中单击"转场"按钮，切换到转场素材库，❷ 单击画廊右侧的下三角按钮，在下拉列表中选择需要应用的转场效果类别，如下图所示。

STEP 03 ❶ 在所选转场类别素材库下，选择一种转场模板，❷ 按住鼠标不放，拖曳到下方第1段和第2段视频之间后释放鼠标，如下图所示。

STEP 04 使用同样的方法，在第2段和第3段视频之间添加转场效果，如下图所示。

一点通：也可以直接单击转场素材库右上侧的"对视频应用当前效果"按钮添加转场。

7.2.2 批量添加转场效果

如果工作量太大，用户还可以通过会声会影X3自带的"使用默认转场效果"功能来自动为素材应用转场。

光盘同步文件 同步视频文件：光盘\视频教程\Chapter 07\7-2-2.avi

STEP 01 ❶ 在视频轨中选择要添加的转场效果，按键盘上的【F6】键打开"参数选择"对话框。切换到"编辑"选项卡，❷ 勾选"自动添加转场效果"复选框，选择默认效果为"随机"，设置转场停顿时间为"1"，❸ 单击"确定"按钮，如下图所示。

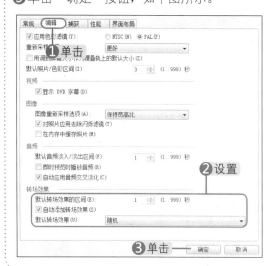

STEP 02 在故事板视图中添加图像素材，此时会发现，从添加的第2段视频开始，后面每添加一段素材都会自动添加转场效果，如下图所示。

提个醒："自动添加转场效果"功能适合在大批量处理视频时应用，如果想要创作出优美的影视作品，最好还是手动进行转场效果的设置。

7.3 自定义转场效果

完成转场效果的添加后，用户还可以对这些转场进行一些设置和修改，如修改转场时间、设置转场边框效果、转场行进方向以及替换和删除转场效果等。

7.3.1 设置转场格式

为影片应用了转场效果之后，还可以对转场效果进行格式的变换设置，下面来介绍具体的方法。

光盘同步文件 | 同步视频文件：光盘\视频教程\Chapter 07\7-3-1.avi

STEP 01 在视频轨中选择需要设置的转场效果，如下图所示。

STEP 02 在选项面板中，选择区间中的数值，然后按键盘上的数字键进行重新设置，如下图所示。

STEP 03 ❶单击"色彩"选项右侧的色块，❷在弹出的色板中设置其他颜色，如下图所示。

STEP 04 在"柔化边缘"选项右侧，设置边界柔化效果，如下图所示。

STEP 05 在"方向"选项右侧，设置转场效果的行进方向，如右图所示。

 提个醒：根据选择转场效果的不同，这里的选项面板也不一样，请用户注意区分。

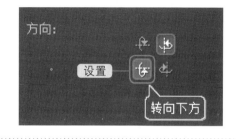

 一点通：转场效果的替换非常简单，只需重新选择新转场，然后拖曳到之前的转场效果上，新转场即会自动替换之前的转场；如果要删除转场，直接右键单击已添加的转场，选择"删除"命令。

7.3.2　收藏当前使用的转场

对于一些经常使用的转场效果，用户可以将其添加到专用的"收藏"列表库中，这样可以方便用户在后期进行影视编辑时进行快速调用。

> **光盘同步文件**　同步视频文件：光盘\视频教程\Chapter 07\7-3-2.avi

STEP 01　❶在转场素材库画廊右侧单击倒三角按钮，❷选择一种转场效果类型，如下图所示。

STEP 02　❶在要进行收场的转场效果上单击鼠标右键，❷选择"添加到收藏夹"选项，如下图所示。

STEP 03　重新选择"收藏"转场素材库，在最末尾位置，会显示刚才添加的"漩涡"转场效果，如右图所示。

STEP 04　将当前收藏的转场直接按照前面介绍的方法拖曳到第2段素材中间即可进行添加。

　提个醒： 每次启动会声会影X3并切换到转场素材库，都会第1个显示收藏夹中的内容。

7.4　常用转场效果解析

在会声会影X3中，包含了众多的转场效果。用户可以直接使用其默认的各种效果，也可以通过修改设置，来自定义这些转场的效果。下面详细介绍各种转场效果功能及其参数情况。

7.4.1　三维转场效果

在转场素材库中选择"三维"转场类型，包含了手风琴、对开门、百叶窗、外观、飞行木板、飞行方块、飞行翻转、飞行折叠、折叠盒、门、滑动、旋转门、分割门、挤压以及漩涡共计15种三维转场效果，如下图所示。

"三维"类型转场可以在素材转换场景的过程中，模拟出三维空间的变换效果，如下图所示分别为百叶窗、对开门、挤压的三维转场效果。

7.4.2 相册转场效果

在转场素材库中选择"相册"转场类型，包含了"翻转"相册转场效果，如下图所示。

"相册"转场主要用于在素材转换场景的过程中，模拟出相册翻动的效果，如下图所示。

添加了"翻转"相册转场后，选项栏会出现自定义图标，单击即可进行自定义设置。用户可以在其中选择各种各样的相册布局、封面、背景、大小、位置等，如右图所示。

 提个醒：在之前的会声会影版本中，包含了众多的相册模板，在X3版本中，这些效果都可以通过自定义进行设置。

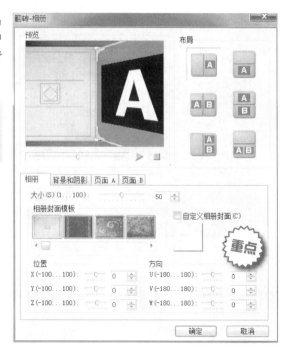

选 项	说 明
预览	预览当前设置的相册模板效果
布局	单击不同的按钮，将选择不同的相册布局方式
"相册"选项卡	设置相册的大小、位置和方向。在"相册封面模板"中，还可以任意选择自己喜爱的图案作为相册封面
"背景和阴影"选项卡	主要用于自定义相册的背景以及为相册添加阴影效果
"页面A"选项卡	主要用于设置相册页面A的属性
"页面B"选项卡	主要用于设置相册页面B的属性

▓▓▓ 7.4.3 取代转场效果

在转场素材库中选择"取代"转场类型，包含了棋盘、对角线、盘旋、交错、墙壁共计5种转场效果，如下图所示。

"取代"类型转场可以在素材转换场景的过程中，模拟素材A被素材B以所选的棋盘、盘旋方式逐渐取代的效果，如下图所示。

7.4.4 时钟转场效果

在转场素材库中选择"时钟"转场类型，包含了居中、四分之一、单向、分割、清除、转动、扭曲共计7种转场效果，如下图所示。

"时钟"类型转场可以在素材转换场景的过程中，模拟素材A被素材B以时钟的转动方式逐渐取代的效果，如下图所示。

7.4.5 过滤转场效果

在转场素材库中选择"过滤"转场类型，包含了箭头、喷出、燃烧、交叉淡化、菱形A、菱形、溶解、淡化到黑色、飞行、漏斗、门、虹膜、镜头、遮罩、马赛克、断电、打碎、随机、打开、曲线淡化多达20种转场效果，如右图所示。

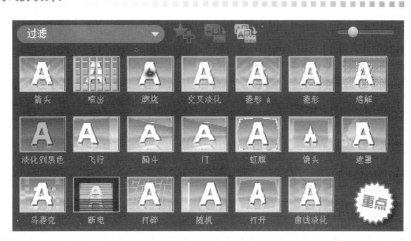

"过滤"类型转场中的各种效果，与前面几个类型的转场不同，基本上每一个转场都有各自的风格，很难看出出自同一个转场类型。如下图所示分别为喷出、燃烧、遮罩3种转场特效。

"过滤"转场虽然样式很多，但是大多数都没有参数可供用户进行设置。只有少部分如虹膜、镜头等转场具有类似于"三维"选项面板的设置，这里不再复述。

值得注意的是，"遮罩"转场效果是一个独特的类型，也是唯一一个能进行单独设置的"过滤"转场，其选项面板如右图所示。

在"遮罩"转场选项面板中，单击"打开遮罩"按钮，可以选择系统自带的多种遮罩类型，它们作为过滤的模板，可以直接应用到转场效果中。

 一点通："遮罩"模板默认位置在C:\Program Files\Corel\Corel VideoStudio 12\EditingStyle\Image目录下，如果用户在载入图片的时候选择了其他位置，这个时候可以根据默认位置重新进行定位寻找。

7.4.6　胶片转场效果

在转场素材库中选择"胶片"转场类型，包含了横条、对开门、交叉、飞去A、飞去B、渐进、单向、分成两半、分割、翻页、扭曲、环绕、拉链13种转场效果，如下图所示。

"胶片"类型转场在素材转换场景的过程中，素材A以对开门、交叉等翻页或者卷动的方式，逐渐被素材B取代，效果如下图所示。

7.4.7　闪光转场效果

在转场素材库中选择"闪光"转场类型，包含了一种闪光转场效果，如下图所示。

"闪光"类型转场在素材转换场景的过程中，自动添加能共融于场景中的灯光，从而创建出梦幻般的效果，如下图所示。

　　虽然系统只提供了一种"闪光"效果，但是用户可以在"自定义"面板中自由设置自己想要的其他闪光特效，闪光对话框如右图所示。

选　项	说　明
淡化程度	设置闪光效果遮罩边缘的柔化程度
光环亮度	设置闪光效果的强度
光环大小	设置闪光效果覆盖区域的大小
对比度	设置两个素材之间的色彩对比度
当中闪光	勾选此复选框，将为溶解遮罩添加一个灯光
翻转	勾选此复选框，将翻转遮罩的效果

7.4.8　遮罩转场效果

在转场素材库中选择"遮罩"转场类型，包含了按A～F顺序排列的6种转场效果，如下图所示。

"遮罩"类型转场可以将不同的图像作为遮罩应用到转场效果中，从而创建出用户想要的梦幻效果，如下图所示。

用户也可以单击"遮罩"选项面板右侧的"自定义"图标，来自定义遮罩效果，下面分别介绍"遮罩A"、"遮罩B"、"遮罩C"、"遮罩D"、"遮罩E"、"遮罩F"6大系列的不同设置方法。

1　遮罩A

遮罩A系列转场的自定义设置对话框如右图所示。

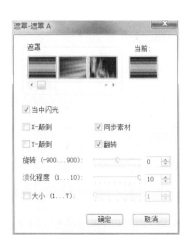

选　项	说　明
遮罩	列出了当前可选择的默认遮罩模板
当前	显示当前选择的模板，单击该按钮可以在计算机中自定义其他模板
当中闪光	从素材中心开始闪光
X/Y-颠倒	反转遮罩的路径方向
同步素材	使素材中动画与遮罩的动画相匹配
翻转	可以将当前效果翻转显示
旋转	指定遮罩的旋转角度
淡化程度	设置遮罩边缘的厚度
大小	勾选该复选框后，可以设置遮罩的大小

2　遮罩B

　　遮罩B系列转场的自定义设置对话框如右图
所示。

 提个醒：该对话框的参数比较少，具体参数含义可参考遮罩A。

3　遮罩C

　　遮罩C系列转场的自定义设置对话框如右图
所示。

　　遮罩C的基本选项可参考遮罩A。不同的是，
此处多了"路径"选项，主要用于选择转场期间
遮罩的移动方式，可以选择波动、弹跳、对角、
飞向上方、飞向右边、滑动、缩小、漩涡8种移动
类型。

4 遮罩D

　　遮罩D系列转场的自定义设置对话框如右图所示。

 提个醒：遮罩D的参数含义可参考遮罩A和遮罩C。

5 遮罩E

　　遮罩E系列转场的自定义设置对话框如右图所示。

选　　项	说　　明
素材之前	从素材左侧前方开始应用遮罩
素材之后	从素材右侧后方开始应用遮罩

6 遮罩F

　　遮罩F系列转场的自定义设置对话框如右图所示。
　　在遮罩F参数设置对话框中，多了"间隔"选项，通过该选项可以设置遮罩动画的间隔区域。

7.4.9 NewBlue样品转场效果

在转场素材库中选择"NewBlue样品转场"转场类型，包含了3D彩图、3D比萨饼盒、色彩融化、拼图、涂抹5种NewBlue转场效果，如下图所示。

"NewBlue样品转场"主要用于在素材转换场景的过程中，模拟极具冲击力的三维动画效果，如下图所示。

 提个醒： NewBlue样品转场与NewBlue转场同属NewBlue插件，它们的选项对话框类似，具体设置请用户在实践过程中进行摸索，这里不再复述。

7.4.10 果皮转场效果

在转场素材库中选择"果皮"转场类型，包含了对开门、交叉、飞去A、飞去B、翻页、拉链6种转场效果，如下图所示。

"果皮"类型转场会产生类似于转动的效果。它与"胶片"转场的区别在于一个使用素材的映射图案，另一个使用色彩填充来进行翻卷，效果如下图所示。

▪▪▪ 7.4.11 推动转场效果

在转场素材库中选择"推动"转场类型，包含了横条、网孔、跑动和停止、单向、条带5种转场效果，如下图所示。

"推动"类型转场类似于"取代"转场，可以让素材A以向前推进的方式被素材B逐渐替代，如下图所示。

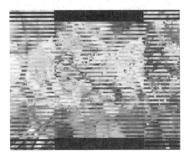  

▪▪▪ 7.4.12 卷动转场效果

在转场素材库中选择"卷动"转场类型，包含了横条、渐进、单向、分成两半、分割、扭曲、环绕7种转场效果，如下图所示。

"卷动"类型转场非常类似于"果皮"转场，它可以让素材A以滚动的方式被素材B逐渐替代，如下图所示。

7.4.13　旋转转场效果

在转场素材库中选择"旋转"转场类型，包含了响板、铰链、旋转、分割铰链4种转场效果，如下图所示。

"旋转"类型转场可以让素材A以运动、旋转和缩放的方式，逐渐被素材B取代，如下图所示。

7.4.14　滑动转场效果

在转场素材库中选择"滑动"转场类型，包含了对开门、横条、交叉、对角线、网孔、单向、条带7种转场效果，如下图所示。

"滑动"类型转场可以让素材A以滑动运行的方式逐渐被素材B取代。它与"推动"转场比较相同，如下图所示。

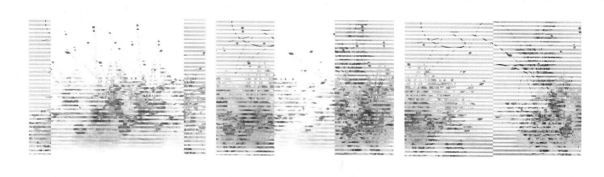

7.4.15　伸展转场效果

　　在转场素材库中选择"伸展"转场类型，包含了对开门、方盒、交叉缩放、对角线、单向5种转场效果，如下图所示。

　　"伸展"类型转场可以让素材A发生缩放变化，从而过渡到被素材B完全取代，如下图所示。

7.4.16　擦拭转场效果

　　在转场素材库中选择"擦拭"转场类型，包含了箭头、对开门、横条、百叶窗、方盒、棋盘、圆形、交叉、对角线、菱形A、菱形B、菱形、流动、网孔、泥泞、单向、星形、条带、之字形多达19种转场效果，如右图所示。

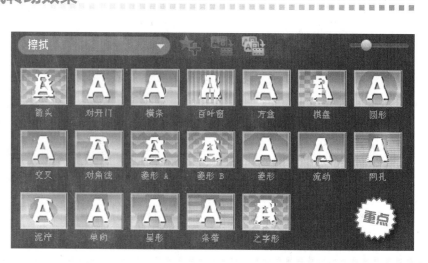

"擦拭"类型转场与"取代"等转场类似，让素材A以所选择的方式被素材B所取代，在取代过程中，素材A将以被"擦拭"的效果被清除，如下图所示。

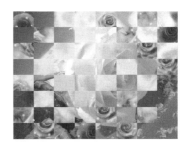

技能实训　自定义遮罩画面

为了获得更好的遮罩画面效果，用户可以自行绘制遮罩图像。除了使用专业的如Photoshop等图像处理软件外，也可以通过Windows系统自带的"画图"程序来进行操作。将绘制的图形转换成会声会影的遮罩，以实现更好的特殊蒙版效果。

实训目标

本技能的实训将让读者达到以下目标：

- 学会转场效果的添加
- 熟悉转场参数设置对话框
- 学会遮罩的自定义

光盘同步文件

素材文件： 光盘\素材文件\Chapter 07\菊花.jpg、郁金香.jpg

项目文件： 光盘\结果文件\Chapter 07\自定义遮罩画面.vsp

同步视频文件： 光盘\视频教程\Chapter 07\技能实训.avi

操作步骤

STEP 01 ❶单击Windows系统中"开始"按钮，❷打开"所有程序"，选择"附件"下的"画图"选项，如下图所示。

STEP 02 ❶打开"画图"程序，单击"形状"按钮，❷选择椭圆形状，如下图所示。

STEP 03 ❶单击"粗细"按钮，❷选择3px粗细的线条，如下图所示。

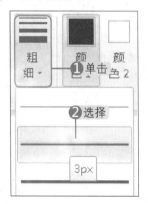

STEP 04 在绘图区域中，拖曳鼠标，绘制出如下图所示的4个不规则椭圆形状，如下图所示。

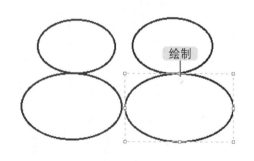

STEP 05 使用同样的方法，继续绘制出如下图所示的类似蝴蝶形状的椭圆图形。

STEP 06 ❶单击"工具"按钮，❷选择"油漆桶"工具，如下图所示。

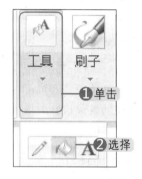

STEP 07 将颜色保持为默认的黑色，然后使用"油漆桶"工具在椭圆图形中单击，将其填充为纯黑色图形，如下图所示。

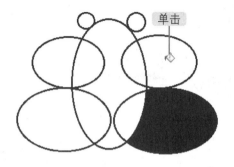

STEP 08 将填充完毕的图形保存为BMP图像格式，如下图所示。

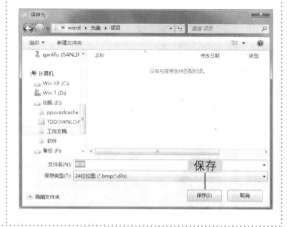

 提个醒：这里是以Windows 7系统中的画图程序为例进行介绍的，使用Windows XP的用户注意区别。

STEP 09 打开会声会影，❶在视频轨中添加本书配套光盘中的"素材文件\Chapter 07\菊花.jpg、郁金香.jpg"文件，❷为它们添加遮罩C转场，❸单击面板中的"自定义"按钮，如下图所示。

STEP 10 在打开的参数设置对话框中，单击"当前"图标，如下图所示。

STEP 11 在弹出的"打开"对话框中，❶选择前面保存的BMP图像文件，❷单击"打开"按钮进行导入，如下图所示。

STEP 12 ❶返回参数设置对话框，按下图所示设置参数，❷单击"确定"按钮进行应用，如下图所示。

STEP 13 播放当前视频，查看自定义的遮罩效果，如右图所示。

想一想，练一练

通过本章内容的学习，请读者完成以下练习题。

（1）了解转场选项面板的基础应用方法。

（2）通过手动方式为素材应用转场效果。

（3）设置批量转场功能，在添加素材时自动应用转场效果。

（4）针对添加的转场效果进行自定义设置。

（5）收藏经常使用的转场效果。

Chapter

08

应用覆叠效果

● 本 章 导 读

　　一些新闻报道画面中时常出现主持人在报道节目时，其下方子画面中还会出现相关的节目内容，这就是所谓的"画中画"效果。在会声会影X3中就提供了一种"覆叠"功能，它可以轻松实现这种"画中画"效果。下面对"覆叠"内容进行详细介绍。

● 本 章 学 完 后 应 会 的 技 能

- 认识覆叠选项面板
- 应用覆叠对象
- 编辑覆叠对象
- 覆叠对象的高级应用

● 本 章 多 媒 体 同 步 教 学 文 件

- 光盘\视频教程\Chapter 08\8-2-1.avi～8-2-3.avi
- 光盘\视频教程\Chapter 08\8-3-1.avi～8-3-7.avi
- 光盘\视频教程\Chapter 08\技能实训.avi

8.1　认识覆叠选项面板

会声会影X3为广大用户提供了很多覆叠效果，用户可以通过这些覆叠对象来为视频轨中的素材添加类似"画中画"的效果。

8.1.1　覆叠的概念

所谓覆叠，就是在同一个画面中同时播放两个以上不同的动态画面，以实现一些专业视频对某些场景的特殊要求。不断变换的多画面覆叠效果如下图所示。

 提个醒： 覆叠对象可以是动态的视频，也可以是静态的图像。

8.1.2　装饰对象素材库

在素材库面板中单击"图形"图标，将切换到图形素材库，这里包含了"色彩"、"对象"、"边框"和"Flash动画"几种素材，如下图所示。

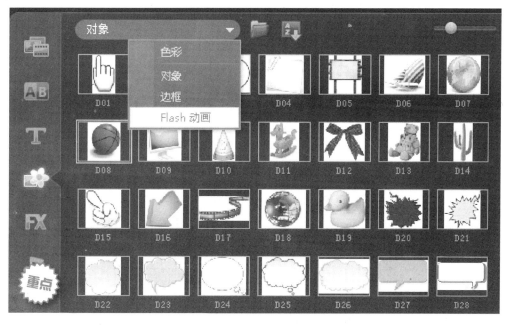

从素材库中添加的覆叠对象，除了视频、图像和色彩以外，主要为软件自带的"装饰"素材，包括对象、边框、Flash动画3种。

1　对象

　　"对象"覆叠素材是一些边缘镂空的PNG图像文件，主要是一些小的装饰性物件，如右图所示。

　　"对象"覆叠素材可以为影片添加一些装饰性的小物件，使视频画面变得更加活泼有趣、富于变化。

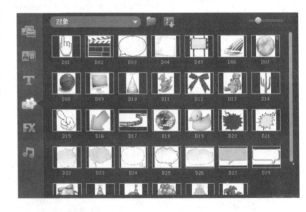

2　边框

　　"边框"覆叠素材是一种中间部位镂空的PNG图像文件，它可以为视频作品添加各种边框效果，如右图所示。

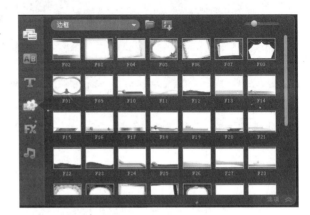

 一点通：PNG是一种特殊的图像格式，它能够完全保留图像的透明信息。当用户在Photoshop等图像处理软件中对图像进行透明处理后，只需将其保存为PNG格式，就能够完全再现图像的透明效果。这里的"对象"和"边框"覆叠素材使用的都是这种格式，其中"对象"是对边缘进行透明处理，而"边框"是对中间部位进行透明处理。

3　Flash动画

　　"Flash动画"覆叠素材除了能够产生透明的图像外，还能提供动画视觉效果，为影片创造更为生动的画面，如右图所示。

 提个醒：对象和边框都属于图像文件，而Flash动画则属于动态视频文件，它们一般都被用作会声会影的覆叠对象，但有时也作为独立的素材出现在视频轨上。

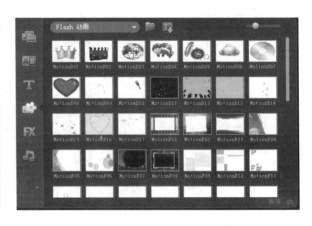

8.1.3　覆叠选项面板

一般情况下，选择"图形"素材库中的素材并进行正常添加后，其选项面板与普通的照片和视频选项一样，没有任何区别。但如果将它们作为覆叠对象进行添加，则会出现如下图所示的覆叠选项面板。

这里的参数主要用于设置覆叠素材的运动效果，并可以为覆叠的素材添加滤镜效果，其参数含义如下。

1　遮罩和色度键

单击"遮罩和色度键"图标，将打开如下图所示的覆叠选项面板，在这里可以设置覆叠素材的透明度、边框和覆叠选项。

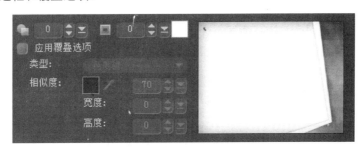

选　项	说　明
透明度	设置覆叠素材的透明度，可以通过设置数值或者拖动滑块的方式来进行操作
边框	设置边框的厚度
边框色彩	设置边框的颜色
应用覆叠选项	勾选此复选框，可以设置覆叠素材将被渲染的透明程度
类型	设置在覆叠素材上应用遮罩还是应用颜色，可选择"遮罩帧"和"色度键"选项
相似度	指定使用何种颜色进行透明渲染。单击■按钮可设置覆叠颜色的色彩；单击✎按钮可以在覆叠素材中选择色彩；在右侧的文本框中可以设置色彩的相似程度
宽度	修整素材的宽度
高度	修整素材的高度

2 **对齐选项**

单击"对齐选项"图标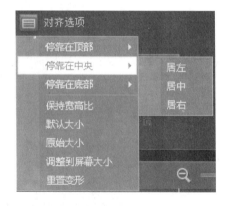，将打开如右图所示的菜单，在这里可设置覆叠素材的大小以及在屏幕上的位置。

3 **方向/样式**

在"方向/样式"选项中，用户可以自定义覆叠素材进入动画状态时的方向位置，以及退出时的动画方向位置，如右图所示。

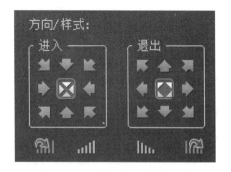

选 项	说 明
暂停区域前旋转	单击此按钮，可以让覆叠素材在播放动画的开始位置进行旋转
淡入动画效果	单击此按钮，可以让覆叠素材在播放动画时从隐藏状态缓慢转变到正常显示状态
淡出动画效果	单击此按钮，可以让覆叠素材在播放动画快结束时从正常显示状态缓慢转变到隐藏状态
暂停区域后旋转	单击此按钮，可以让覆叠素材在播放动画的结束位置开始旋转

8.2 应用覆叠对象

不管是何种覆叠对象，它们的添加方法都是一样的，只需选择所需素材到覆叠轨中即可。下面进行详细介绍。

8.2.1 添加素材库中的文件到覆叠轨

从素材库中，用户可以选择视频、图像、色彩、边框、装饰对象以及Flash对象作为覆叠对象。通过拖曳的方式添加需要的转场效果是最为简便的方法。

◎ **光盘同步文件**　　同步视频文件：光盘\视频教程\Chapter 08\8-2-1.avi

STEP 01 ❶在视频轨中添加任意素材文件，❷单击素材库面板中的"图形"图标，如下图所示。

STEP 02 ❶在画廊右侧单击倒三角按钮，❷选择要添加的覆叠对象，如这里选择"边框"选项，如下图所示。

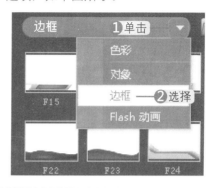

STEP 03 ❶在"边框"素材库中选择任意一种边框对象，❷将其拖曳到覆叠轨中，如下图所示。

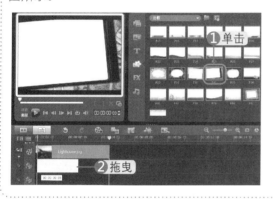

STEP 04 调整覆叠对象的区间长度，使其与视频轨的播放素材一致，如下图所示。

8.2.2　从计算机中添加覆叠素材

许多素材都是保存在计算机中的，因此在需要的时候，用户可以直接从计算机中添加素材作为覆叠对象。

光盘同步文件　同步视频文件：光盘\视频教程\Chapter 08\8-2-2.avi

STEP 01 ❶在画廊右侧单击倒三角按钮，选择覆叠对象类型，如这里选择"边框"选项，❷单击"添加"图标，如右图所示。

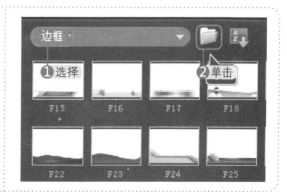

STEP 02 ❶选择计算机中的文件，❷单击"打开"按钮，如下图所示。

STEP 03 添加的素材自动排列到当前"边框"素材库的最末尾，❶选择它，❷将其拖曳到覆叠轨中即可，如下图所示。

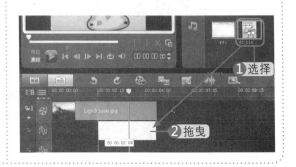

8.2.3 添加多个覆叠素材

有时在视频作品中添加一个覆叠素材并不能完美地体现出某些效果，这时候就可以通过会声会影提供的"轨道管理器"来创建和管理多个覆叠对象，以便制作出更完美的画面效果。

光盘同步文件 同步视频文件：光盘\视频教程\Chapter 08\8-2-3.avi

STEP 01 在时间轴视图左侧单击"轨道管理器"图标，如下图所示。

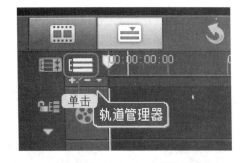

STEP 02 打开"轨道管理器"对话框，❶勾选需要启用的覆叠轨，❷单击"确定"按钮，如下图所示。

 一点通：一般情况下，会声会影X3默认选择了"覆叠轨 #1"，用户可以根据视频作品的需要选择要新添加几个覆叠轨道，只需分别勾选对应的覆叠轨序号即可。

STEP 03 返回时间轴视图，此时即可在新增的轨道中添加想要使用的覆叠素材，如右图所示。

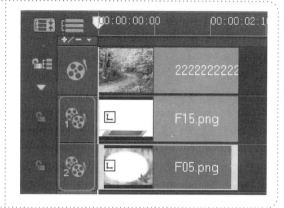

> 提个醒：用户可新增"覆叠轨 #2"、"覆叠轨 #3"、"覆叠轨 #4"、"覆叠轨 #5"、"覆叠轨 #6"共5个新轨，也就是说可以增加5个覆叠对象并进行编辑。

8.3 编辑覆叠对象

完成覆叠对象的添加后，经常需要对这些对象进行各种编辑操作，以便达到更加完美的视觉效果。常见的编辑操作有以下几种。

8.3.1 设置覆叠对象的大小

覆叠对象大小的设置很简单，直接在预览窗口中拖曳鼠标即可完成。

◎ **光盘同步文件** 同步视频文件：光盘\视频教程\Chapter 08\8-3-1.avi

STEP 01 选择添加到覆叠轨中的对象素材，在预览窗口中可以看到其边框上有很多黄色控制点，单击并按住其中的一个小黄点，如下图所示。

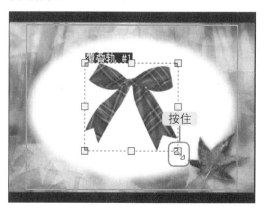

STEP 02 拖曳鼠标，将自动缩放当前覆叠对象，到合适大小后释放鼠标，完成对象大小的调整，如下图所示。

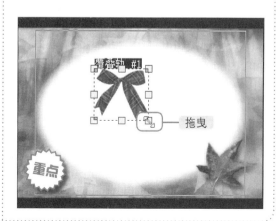

除此之外，也可以在覆叠对象素材上单击鼠标右键，然后从弹出的菜单中选择相应的命令来设置素材大小，如右图所示。

> 🔧 **一点通**：在选项面板中单击"对齐选项"图标，也可以弹出此菜单。

8.3.2 移动覆叠对象的位置

在对象素材的中间位置，按住鼠标不放并进行拖曳，可以移动覆叠对象在原始素材上的位置，如下图所示。

◎ **光盘同步文件**　同步视频文件：光盘\视频教程\Chapter 08\8-3-2.avi

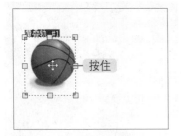 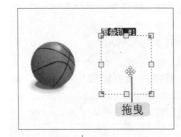 

8.3.3 调整覆叠对象的形状

前面介绍过，通过拖曳对象素材四周的黄色小点，可以调整当前对象的大小。仔细观察可以发现，除了黄色小点外，4个边角还有4个更小的绿色点，按住它们并进行拖曳操作，可以调整覆叠对象的形状，如下图所示。

◎ **光盘同步文件**　同步视频文件：光盘\视频教程\Chapter 08\8-3-3.avi

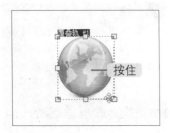 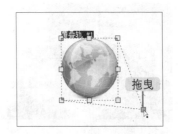 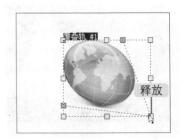

> 🔧 **一点通**：在"属性"选项面板中勾选"显示网格线"复选框，可以通过网格更加细致地调整形状和位置。

8.3.4 给覆叠对象添加边框效果

下面通过"遮罩和色度键"选项面板来设置覆叠素材的边框效果，具体步骤如下。

光盘同步文件 同步视频文件：光盘\视频教程\Chapter 08\8-3-4.avi

STEP 01 ❶在视频轨中添加图像或者视频素材，然后在覆叠轨中继续添加覆叠素材，❷此时会出现覆叠"属性"选项面板，单击"遮罩和色度键"图标，如下图所示。

STEP 02 ❶在"边框"图标右侧的文本输入框中设置边框的宽度（1～10），❷单击右侧的颜色方块，设置边框颜色，如下图所示。

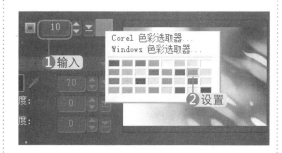

STEP 03 完成边框设置后，在预览窗口进行播放，预览当前的边框效果，如右图所示。

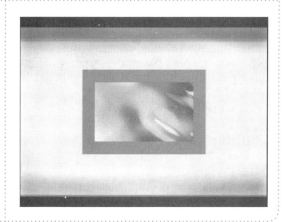

8.3.5 调节覆叠对象的透明度

通过"遮罩和色度键"选项面板不但能添加对象的边框，还可以设置覆叠素材的透明度，使其与背景素材产生融合效果。

光盘同步文件 同步视频文件：光盘\视频教程\Chapter 08\8-3-5.avi

STEP 01 选择覆叠素材，在"属性"选项面板中单击"遮罩和色度键"图标，在"透明度"图标右侧的文本框中输入想要设置的透明度，如这里设置为50，如下图所示。

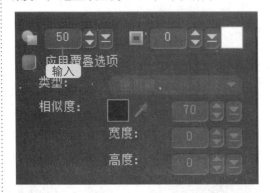

STEP 02 ❶在预览窗口中，在覆叠素材中央位置单击鼠标右键，❷选择"调整到屏幕大小"命令，如下图所示。

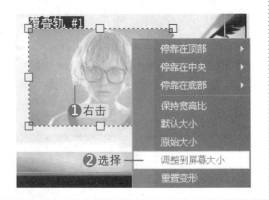

STEP 03 预览设置的透明特效前后效果，如右图所示。

8.3.6 让覆叠对象产生动态效果

在会声会影X3中，用户可以方便地让静态的覆叠对象素材"动"起来。下面来看具体的方法。

◎ **光盘同步文件** 同步视频文件：光盘\视频教程\Chapter 08\8-3-6.avi

STEP 01 ❶在覆叠轨中选择覆叠对象，在"属性"选项面板的"进入"方向中，单击"从右边进入"按钮，❷在"退出"方向中，单击"从左边退出"按钮，如下图所示。

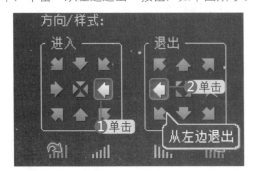

STEP 02 ❶单击"淡入动画效果"按钮，❷再单击"淡出动画效果"按钮，如下图所示。

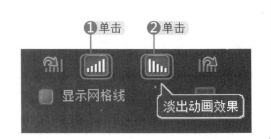

STEP 03 在预览窗口下方拖曳 滑块，设置动作效果的停留区域（中间蓝色为停止区域，左右两侧灰色为动作执行区域），如右图所示。

> 🔑 **一点通**：中间蓝色区域间隔越短，动作停留的时间也越短，连贯性越强。

STEP 04 预览当前的动画设置效果，如下图所示。

▪▪▪ 8.3.7　为覆叠对象应用遮罩效果

通过遮罩功能的应用，可以为覆叠对象应用类似边框的效果，使视频画面更加形象。

◎ **光盘同步文件**　同步视频文件：光盘\视频教程\Chapter 08\8-3-7.avi

STEP 01 ❶选择覆叠素材，❷在"属性"选项面板中单击"遮罩和色度键"图标，如下图所示。

STEP 02 ❶勾选"应用覆叠选项"复选框，❷在"类型"下拉列表中选择"遮罩帧"选项，如下图所示。

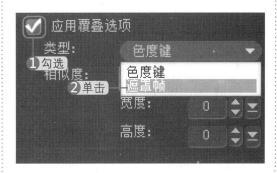

STEP 03 ❶打开遮罩模板框，拖曳右侧的滑块进行预览，❷选择模板并单击，如下图所示，将自动在当前覆叠对象上应用此覆叠效果。

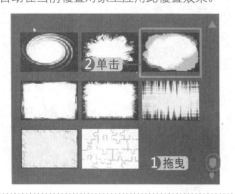

STEP 04 移动覆叠对象在画面中的位置，然后预览播放当前覆叠的整体效果，如下图所示。

技能实训　让覆叠对象与原始视频融合

　　覆叠类型中的色度键功能可以对单一的视频或者图像色彩进行选取，然后执行透明化处理，这样可以方便地进行视频抠像，然后将抠取的视频覆叠对象和原始素材相互融合。

▶ 实训目标

本技能的实训让读者达到以下目标：

- 学会覆叠对象的添加
- 熟悉覆叠参数设置选项
- 掌握色度键功能的应用

▶ 操作步骤

 光盘同步文件

素材文件：光盘\素材文件\Chapter 08\蓝天.jpg、飞翔的鸟.mpg

项目文件：光盘\结果文件\Chapter 08\让覆叠对象与原始视频融合.vsp

同步视频文件：光盘\视频教程\Chapter 08\技能实训.avi

STEP 01 ❶在视频轨中添加本书配套光盘中的"素材文件\Chapter 08\蓝天.jpg"图像文件，❷在选项面板中设置"重新采样选项"为"调到项目大小"，如下图所示。

STEP 02 ❶在视频轨中添加本书配套光盘中的"素材文件\Chapter 08\飞翔的鸟.mpg"视频文件，❷将视频轨中的图像文件区间调整为与视频覆叠对象一致，如下图所示。

STEP 03 选择覆叠视频，在"属性"选项面板中单击"遮罩和色度键"图标，如下图所示。

STEP 04 ❶勾选"应用覆叠选项"复选框，❷在"类型"右侧选择"色度键"选项，如下图所示。

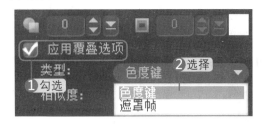

STEP 05 ❶在"相似度"右侧设置数值为100，❷单击✎按钮，❸在右侧预览画面上单击上方的蓝色天空，如下图所示。

一点通：单击选择颜色后，画面中所有类似的颜色都会被透明处理。数值越大，透明度越高。

STEP 06 ❶在预览窗口中右击覆叠对象，❷选择"调整到屏幕大小"命令，如下图所示。

STEP 07 预览播放原始素材和覆叠对象的合成效果，如右图所示。

提个醒：抠取视频画面，让其和背景素材进行融合的视频效果目前非常流行，其应用也很广泛，大家有必要多多练习此功能的应用。

想一想，练一练

通过本章内容的学习，请读者完成以下练习题。

（1）为视频作品添加覆叠对象。

（2）为覆叠对象应用滤镜，使其产生动态特效。

（3）在同一画面中，同时应用多个覆叠对象。

（4）设置覆叠对象的透明度、大小以及位置和形状。

（5）为覆叠对象应用遮罩效果。

Chapter

09

设置影片标题字幕

● 本 章 导 读

　　一部好的影片离不开精彩的字幕，丰富的字幕素材能起到阐明主题、提示信息、完善作品的作用。会声会影X3中拥有非常完善的"字幕"系统，用户可以通过"标题"步骤面板对影片字幕进行各种编辑。

● 本 章 学 完 后 应 会 的 技 能

- 认识标题选项面板
- 添加影片标题
- 编辑影片标题
- 设置影片标题效果
- 应用标题动画

● 本 章 多 媒 体 同 步 教 学 文 件

- 光盘\视频教程\Chapter 09\9-2-1.avi～9-2-3.avi
- 光盘\视频教程\Chapter 09\9-3-1.avi～9-3-4.avi
- 光盘\视频教程\Chapter 09\9-4-1.avi～9-4-6.avi
- 光盘\视频教程\Chapter 09\9-5-1.avi、9-5-2.avi
- 光盘\视频教程\Chapter 09\技能实训.avi

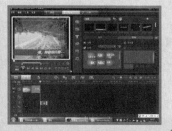

9.1 认识标题选项面板

在会声会影X3中，添加文字标题非常容易。同时软件本身也为用户提供了众多的特殊标题效果，以帮助大家更好、更快速地创建影片字幕。

9.1.1 标题素材库

启动绘声绘影X3的高级编辑器后，单击素材库面板的"标题"图标，即可切换到标题素材库，这里收藏了一些比较常见的标题效果模板，如下图所示。

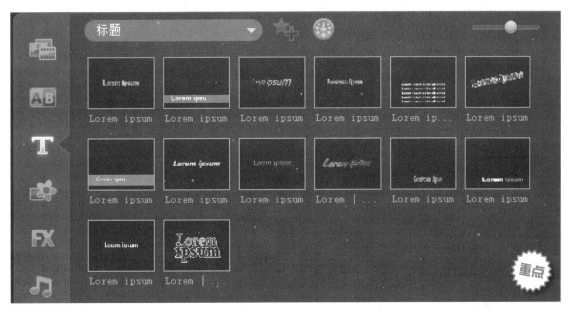

画廊右侧包含"添加至收藏夹"和"获取更多内容"两个功能按钮，它们各自的含义如下。

选　项	说　明
⭐添加至收藏夹	选择标题，然后单击此按钮，可以将当前所选标题添加到收藏夹，以便对常用的标题效果进行单独保存
❄获取更多内容	单击此按钮，会打开会声会影Corel Guide对话框，在这里可以在线下载更多类型的标题素材

9.1.2 标题选项面板

在时间轴标题轨中添加了标题以后，会出现标题"编辑"选项面板与"属性"选项面板，在这里可以针对当前标题进行文字大小、字体、颜色以及标题动画和滤镜的添加设置。

要进行标题设置，需要在预览窗口中选择当前标题，然后"编辑"选项面板中的各选项才会显示为可操作状态，这里包含了各种对标题属性进行修改的按钮和选项，如下图所示。

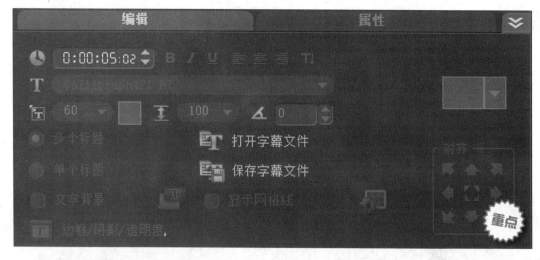

"编辑"选项面板的各选项含义如下。

选 项	说 明
B 粗体	单击后可使文字加粗显示
I 斜体	单击后可使文字以倾斜的方式显示
U 下划线	单击后可为文字添加下划线
左对齐	单击后文字向左靠齐
居中	单击后文字居中靠齐
右对齐	单击后文字向右靠齐
将方向更改为垂直	使文字以垂直的方式显示
T 字体	单击右侧的▼按钮，可以为当前文字设置字体
字体大小	设置文字的显示大小
色彩	设置文字的显示颜色
行间距	设置每行文字的间隔距离
按角度旋转	让文字产生旋转效果（可顺时针或逆时针）
多个标题	可以使用多个文字框，使画面产生多段属性不同的文字效果
单个标题	只能使用单个文字框，当前文字框中的文字属性必须相同，效果较单一
文字背景	勾选后，按钮变为可用状态。用户可以自定义应用单色背景栏、椭圆、矩形、曲边矩形或圆角矩形来作为文字的背景
打开字幕文件	单击可以选择以前保存的影片字幕进行导入
保存字幕文件	将当前设置的影片字幕保存到计算机中，以备后面调用
显示网格线	勾选后显示网格线，同时按钮变为可用状态。单击可以重新设置网格线参数
T 边框/阴影/透明度	单击会打开"边框/阴影/透明度"对话框，在这里可以设置文字的边框、阴影强度和透明度
AA ▼ 预设模板	单击"编辑"选项卡右侧的倒三角按钮，在下拉列表中显示了当前所包含的标题效果模板，单击即可将当前效果应用到预览窗口的文字上
对齐	单击不同的按钮，可以设置文字在预览窗口中的位置

在"属性"选项面板中，用户可以对文字标题进行动画设置，使标题产生动态效果，也可以为当前标题应用多种滤镜效果，使标题文字产生夸张的特殊效果，如下图所示。

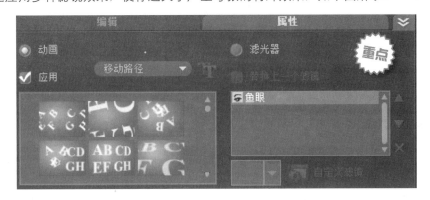

"属性"选项面板的各选项含义如下。

选　　项	说　　明
动画	单击此单选项，将为标题应用动画效果
应用	勾选"应用"复选框，右侧的"选取动画类型"列表才会显示，否则无法进行标题动画应用
选取动画类型	单击右侧的 ▼ 按钮，在下拉列表中可以选择软件提供的标题运动类型，同时会在下方预设列表中显示当前类型所包含的所有动画场景模板
自定义动画属性	单击此按钮，可以自定义设置动画类型的属性
滤光器	单击此单选项，将为标题应用滤镜效果

 提个醒： 其他选项设置与"滤镜"选项面板完全一样，这里不再赘述。

动画预设类型库中包含了8种不同的动画效果。下面详细介绍这些动画的参数设置，以帮助用户更好地控制文字的运动方式。

1 淡化

"淡化"文字动画类型可以使文字产生淡入、淡出的动画效果。单击"动画"选项面板上的"自定义动画属性"按钮，打开如右图所示的动画设置对话框。

选　　项	说　　明
单位	设置标题在场景中出现的方式，可以选择"文本"（显示整个标题）、"字符"（一次显示一个字符）、"单词"（一次显示一个单词）、"行"（一次显示一行文字）
暂停	设置动画在起始和结束中间应用何种暂停方式。如果选择了"无暂停"方式，则可使动画不间歇播放
淡化样式	设置动画淡入、淡出的方式。可以选择"淡入"、"淡出"以及"交叉淡化"3种方式

应用"淡化"标题动画效果后的影片效果如下图所示。

2 弹出

"弹出"文字动画类型可以使文字产生突然弹出的效果。单击"动画"选项面板上的"自定义动画属性"按钮，打开如右图所示的动画设置对话框。

选 项	说 明
基于字符	勾选此复选框，将在预览窗口中显示已应用的字符
单位	设置标题在场景中出现的方式
暂停	设置动画在起始和结束中间应用何种暂停方式
方向	设置文字运动的起始方向

应用"弹出"标题动画效果后的影片效果如下图所示。

3 翻转

"翻转"文字动画类型可以使文字产生翻转回旋的特殊效果。单击"动画"选项面板上的"自定义动画属性"按钮，打开如下图所示的动画设置对话框。

选　　项	说　　明
进入	选择动画开始时的位置
离开	选择动画结束时的位置
暂停	设置动画在起始和结束中间应用何种暂停方式

应用"翻转"标题动画效果后的影片效果如下图所示。

4　飞行

"飞行"文字动画类型可以使文字沿用户设置的路径进行飞行。单击"动画"选项面板上的"自定义动画属性"按钮，打开如下图所示的动画设置对话框。

选　　项	说　　明
加速	勾选此复选框，可以在当前单位结束动画时使标题素材的下一个单位开始动画播放
起始单位	设置路径运动开始时的单位，可以设置字符、单词、行、文本
终止单位	设置路径运动结束时的单位，可以设置字符、单词、行、文本
暂停	设置动画在起始和结束中间应用何种暂停方式
进入	设置动画开始时的位置
离开	设置动画结束时的位置

应用"飞行"标题动画效果后的影片效果如下图所示。

5 缩放

"缩放"文字动画类型可以使文字在运动过程中产生放大和缩小的效果。单击"动画"选项面板上的"自定义动画属性"按钮，打开如右图所示的动画设置对话框。

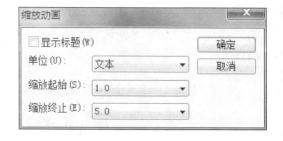

选　项	说　明
显示标题	勾选此复选框，将在动画终止时显示标题
单位	设置标题在场景运动中的显示方式
缩放起始	设置动画开始时的缩放率
缩放终止	设置动画终止时的缩放率

应用"缩放"标题动画效果后的影片效果如下图所示。

6 下降

"下降"文字动画类型可以使文字在运动过程中由大到小逐渐变化。单击"动画"选项面板上的"自定义动画属性"按钮，打开如右图所示的动画设置对话框。

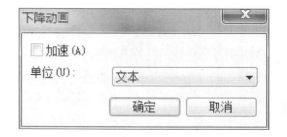

选　项	说　明
加速	勾选此复选框，可以在当前单位结束动画时使标题素材的下一个单位开始动画播放
单位	设置标题在场景运动中的显示方式

应用"下降"标题动画效果后的影片效果如下图所示。

7　摇摆

"摇摆"文字动画类型可以使文字在运动过程中产生左右摇晃的效果。单击"动画"选项面板上的"自定义动画属性"按钮，打开如右图所示的动画设置对话框。

选　项	说　明
暂停	设置动画在起始和结束中间应用何种暂停方式
摇摆角度	设置应用到文字上的摇晃效果的幅度
进入	设置动画开始时的轨迹位置
离开	设置动画结束时的估计位置
顺时针	勾选此复选框，文字动画将以顺时针方向运动

应用"摇摆"标题动画效果后的影片效果如下图所示。

8　移动路径

"移动路径"文字动画类型可以使文字沿指定的路径进行运动。"移动路径"没有可调整的参数，用户只需直接选择并应用列表中的预设效果，就能产生多种多样的路径变化效果，如下图所示。

9.2 添加影片标题

在会声会影X3中添加标题非常简单，用户可以通过在标题轨中添加素材库中的标题模板，然后进行修改；也可以直接在预览窗口中双击添加标题，然后在"编辑"选项面板中进行自定义编辑操作。

9.2.1 为影片添加单个标题

单个标题主要用于影片的名称介绍等单一文字的内容表达。下面介绍单个标题的添加方法。

光盘同步文件 同步视频文件：光盘\视频教程\Chapter 09\9-2-1.avi

STEP 01 在素材库工具栏中单击"标题"图标，此时会自动打开标题素材库，同时在左侧预览窗口中会出现"双击这里可以添加标题"提示文字，如下图所示。

STEP 02 ❶双击鼠标，此时在预览画面中央会出现一个矩形文本框，代表能够开始文字的输入，❷同时右侧的"编辑"选项卡也变为可设置状态，在这里选中"单个标题"单选项，如下图所示。

STEP 03 ❶根据需要添加标题文字，❷在选项面板上设置字体、大小和颜色，❸完成后在标题轨单击鼠标结束文字的创建状态，如右图所示。

9.2.2 为影片添加多个标题

根据影片场景需要，有时候需要搭配一些大小、颜色、特效不一的文字作为象征性的介绍文字，此时就需要应用到多个标题功能。

光盘同步文件 同步视频文件：光盘\视频教程\Chapter 09\9-2-2.avi

STEP 01 ❶切换到"标题"操作面板，❷在导览面板中拖曳擦洗器，定位要添加标题的帧位置，如下图所示。

STEP 02 ❶在预览窗口中单击以选择之前输入的文字，使编辑面板处于可编辑状态，❷选中"多个标题"单选项，如下图所示。

STEP 03 在弹出的提示框中单击"是"按钮，如下图所示。

STEP 04 ❶在预览窗口中双击鼠标，❷当出现文本输入框时输入新的文字，如下图所示。

一点通：虽然是在同一个时间帧上，但是多个标题都有独立的效果和动画特效，能够在同一时间产生不同的文字效果。

9.2.3 为影片添加预设标题

会声会影X3提供了很多预设标题模块，用户可以快捷地选取这些标题，将其应用到标题轨中，然后进行文字修改。

光盘同步文件 同步视频文件：光盘\视频教程\Chapter 09\9-2-3.avi

STEP 01 切换到"标题"操作面板，❶在标题素材库中选择要使用的标题模板，❷然后拖曳到标题轨上，如下图所示。

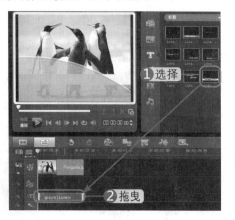

STEP 02 在预览窗口中单击以选择添加的标题模板，使编辑面板处于可编辑状态，如下图所示。

STEP 03 ❶双击选择标题，然后输入新的文字，❷修改另一处文字，如下图所示。

STEP 04 分别选择两段标题文字，在右侧修改文字字体、大小等即可，如下图所示。

9.3 编辑影片标题

完成标题文字的添加后，还需要对这些文字对象进行各种编辑操作，以便达到预期的视觉效果。对影片标题进行编辑主要有以下几种操作。

9.3.1 调整标题长度

标题的长度是可调节的，具体的调节方法如下。

光盘同步文件 同步视频文件：光盘\视频教程\Chapter 09\9-3-1.avi

方法一 ❶在标题轨中选择要调整长度的标题，❷在选项面板中设置新的标题区间即可，如下图所示。

方法二 ❶将鼠标移动到标题右侧的黄色条块上，❷当出现箭头符号时，按下鼠标左右拖曳即可调整标题的长度，如下图所示。

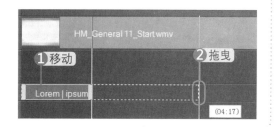

9.3.2　调整标题位置

　　一般添加标题文字后，都是默认显示在预览窗口的中央位置，这时就需要对其进行适当的调整，具体操作如下。

◎ **光盘同步文件** 　同步视频文件：光盘\视频教程\Chapter 09\9-3-2.avi

STEP 01 将鼠标移动到标题处，当出现 图标时按下鼠标，如下图所示。

STEP 02 按住鼠标不放，将其拖曳至合适的位置释放鼠标即可移动标题，如下图所示。

9.3.3　调整标题大小

　　下面来看标题大小的调整方法，具体操作步骤如下。

◎ **光盘同步文件** 　同步视频文件：光盘\视频教程\Chapter 09\9-3-3.avi

STEP 01 选择标题文字，此时标题四周会出现由黄色、紫色和绿色小点组成的矩形框，按下黄色小点，如下图所示。

STEP 02 调节黄色小点，可以调整标题的大小、长宽比例，如下图所示。

9.3.4 旋转标题角度

下面来看标题角度的旋转方法，具体操作步骤如下。

光盘同步文件 同步视频文件：光盘\视频教程\Chapter 09\9-3-4.avi

STEP 01 选择标题文字，此时标题四周会出现由黄色、紫色和绿色小点组成的矩形框，按下紫色小点，如下图所示。

STEP 02 调节紫色小点，可以旋转标题，效果如下图所示。

 一点通：调节标题矩形框右侧的绿色小点，可以改变标题文字的阴影大小。

9.4 设置影片标题效果

会声会影X3支持用户为添加的标题制作各种炫目的特殊效果，下面来看具体的操作。

9.4.1 为标题应用预设特效

对于新添加的标题文字，可以通过选择"编辑"选项卡"预设模板"下的预设模块来添加文字特效。

光盘同步文件 同步视频文件：光盘\视频教程\Chapter 09\9-4-1.avi

STEP 01 ❶切换到"标题"步骤面板，❷在左侧预览窗口中双击鼠标，❸输入要添加的文字标题，如下图所示。

STEP 02 ❶单击"编辑"选项卡中"预设模板"右侧的倒三角符号，❷在打开的预设列表中选择要使用的预设特效，如下图所示。

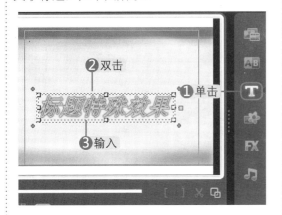

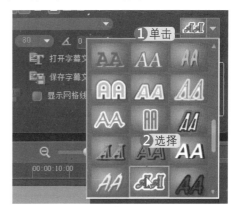

STEP 03 由于预设特效会改变前面自由设置的字体，所以这里重新将字体选择为其他中文字体，如右图所示。

 提个醒：由于预设模板中使用的都是英文字体，因此在应用预设特效后，都需要重新设置自己喜欢的中文字体。

9.4.2 设置标题的字体格式

字体格式的设置非常简单，只需在"编辑"选项面板中根据需要进行设置即可。

◎ **光盘同步文件** 同步视频文件：光盘\视频教程\Chapter 09\9-4-2.avi

STEP 01 ❶单击选择标题，❷在区间右侧依次设置字体的粗细、是否斜体显示、排列位置和文字显示方式等，如下图所示。

STEP 02 ❶单击字体右侧的倒三角按钮，❷在下拉列表中选择合适的字体格式，如下图所示。

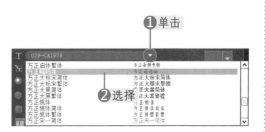

STEP 03 ❶单击字体大小右侧的倒三角按钮，❷在下拉列表中选择合适的字体大小，如下图所示。

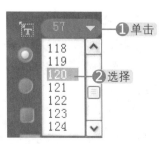

STEP 04 ❶单击色彩矩形块，❷在打开的色板中选择中意的颜色，如下图所示。

STEP 05 ❶单击行间距右侧的倒三角按钮，❷在下拉列表中选择标题每行的显示距离，如下图所示。

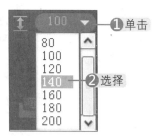

STEP 06 在"按角度旋转"右侧输入标题文字的旋转幅度，如下图所示。

STEP 07 ❶勾选"显示网格线"复选框，可以在预览窗口中显示网格线，❷单击"网格线选项"图标，对网格线大小、类型和颜色进行设置，如下图所示。

STEP 08 在"对齐"选项中，单击不同的按钮，以设置标题文字的不同位置，如下图所示。

9.4.3 为标题设置阴影效果

为了突出文字在素材上的立体感，可以为标题文字添加阴影，具体的添加步骤如下。

光盘同步文件 同步视频文件：光盘\视频教程\Chapter 09\9-4-3.avi

STEP 01 切换到"标题"步骤面板，❶在预览窗口中选择标题文字，使其处于编辑状态，❷单击右侧的"边框/阴影/透明度"图标，如下图所示。

STEP 02 切换到"阴影"选项卡，❶在这里依次单击按钮选择"无阴影"、"下垂阴影"、"光晕阴影"或"凸起阴影"，❷单击"确定"按钮，如下图所示。

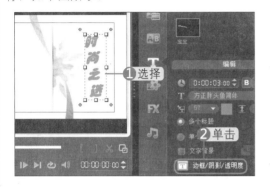

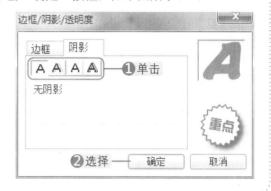

各阴影效果含义如下。

选　项	说　明
A 无阴影	单击按钮不产生阴影效果
A 下垂阴影	单击按钮会根据X轴和Y轴坐标来将阴影应用到标题上
A 光晕阴影	单击按钮可以在文字周围加入扩散的光晕区域
A 凸起阴影	单击按钮可以为文字增加深度，使其看起来具有立体感

9.4.4　为标题添加边框效果

在一些影片场景中，为了突出显示文字，可以通过"边框/阴影/透明度"来设置文字的边框，具体的操作步骤如下。

光盘同步文件　同步视频文件：光盘\视频教程\Chapter 09\9-4-4.avi

STEP 01 切换到"标题"步骤面板，❶在预览窗口中选择标题文字，使其处于编辑状态，❷单击右侧的"边框/阴影/透明度"图标，如下图所示。

STEP 02 打开"边框/阴影/透明度"对话框，切换到"边框"选项卡，❶在这里设置标题的边框参数，❷单击"确定"按钮，如下图所示。

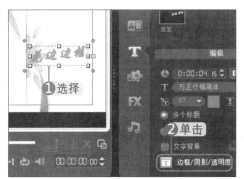

对话框中的内容含义如下。

选 项	说 明
透明文字	勾选此复选框，可以使文字透明显示
外部边界	勾选此复选框，可以让文字产生描边效果
↕边框宽度	设置边框的宽度
■线条色彩	设置边框的颜色
◪文字透明度	设置标题文字的透明程度
* 柔滑边缘	设置标题和视频轨中素材的融合程度

9.4.5 为标题设置背景

如果觉得通过"边框/阴影/透明度"调节的文字边框效果不明显，用户还可以通过为文字设置背景画面来突出标题效果，具体的操作步骤如下。

光盘同步文件 同步视频文件：光盘\视频教程\Chapter 09\9-4-5.avi

STEP 01 选择标题文字，❶勾选"文字背景"复选框，为当前文字应用背景颜色，❷单击"自定义文字背景的属性"图标，如右图所示。

STEP 02 打开"文字背景"对话框，❶在这里设置背景的形状、颜色和渐变方式，❷完成设置后单击"确定"按钮应用，如右图所示。

提个醒：文字背景通常应用于一些视频广告作品中，通过简单的设置，能够得到较好的表达效果。

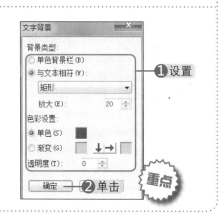

对话框中的内容含义如下。

选 项	说 明
单色背景栏	单击此单选项，将使用单色作为文字的背景
与文本相符	单击此单选项，在下侧的下拉列表中可以选择椭圆、矩形、曲边矩形、圆角矩形4种形状作为背景图
放大	可以自由设置背景画面大小
色彩设置	可设置"单色"或者"渐变"来作为背景画面。当选中"渐变"单选项后，还能继续选择渐变的颜色和渐变方向
透明度	设置背景画面的透明程度

9.4.6 保存和打开自定义标题

在会声会影X3中，当用户完成标题制作后，可以将其保存下来，以备以后再次使用。保存和打开自定义标题的具体操作步骤如下。

STEP 01 在"标题"步骤面板中完成标题的制作，然后在"编辑"选项卡中单击"保存字幕文件"图标，如右图所示。

STEP 02 在"另存为"对话框中，❶选择字幕文件的保存地址，❷设置好保存文件名，❸单击"保存"按钮即可，如下图所示。

STEP 03 在后面的影片编辑过程中，需要再次打开此字幕文件时，可以在"编辑"选项卡中单击"打开字幕文件"图标，打开"打开"对话框，❶选择之前保存的文件，❷单击"打开"按钮导入即可，如下图所示。

9.5 应用标题动画

在"标题"步骤面板中，最能体现文字特效的就是为其应用标题动画了，它能够让静态的文字通过不同的运动方向产生动态的效果。

添加标题动画的方法非常简单，只需在添加标题文字后，在"动画"选项卡中勾选"应用"复选框，然后选择要添加的动画特效即可。

9.5.1 应用预设动画

会声会影X3自带了很多预设的动画效果，用户只需添加这些预设的标题素材即可，具体操作步骤如下。

STEP 01 切换到"标题"素材库，❶选择一个预设动画标题，❷将其拖曳到标题轨，如下图所示。

STEP 02 ❶双击预览窗口，❷替换预设文字为自己想要输入的文字，如下图所示。

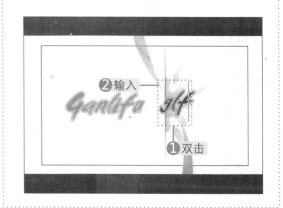

STEP 03 预览播放当前选择的预设动画标题，如下图所示。

9.5.2 自定义动画效果

除了应用会声会影X3自带的预设动画标题外，大家也可以进行标题的自定义设计，使其更符合影片的需求，具体操作步骤如下。

光盘同步文件 | 同步视频文件：光盘\视频教程\Chapter 09\9-5-2.avi

STEP 01 切换到"标题"步骤面板，❶在预览窗口中选择标题文字，使其处于编辑状态，❷切换到"属性"选项卡，勾选"应用"复选框，如下图所示。

STEP 02 ❶选择文字动画类型，❷选择一种动画应用到标题，❸单击"自定义动画属性"图标，如下图所示。

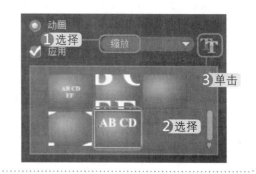

STEP 03 ❶根据需要设置动画属性，❷完成后单击"确定"按钮，如下图所示。

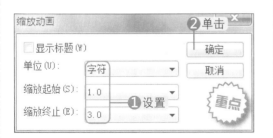

STEP 04 完成动画属性的设置后，还可以为文字添加滤镜效果。在右侧选中"滤光器"单选项，如下图所示。

STEP 05 ❶在"标题效果"素材库中选择要添加的滤镜，❷拖曳到标题轨上释放，如下图所示。

STEP 06 完成动画属性的设置后，进行播放预览，如下图所示。

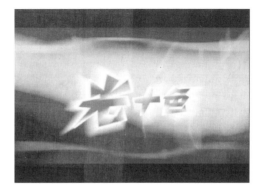

技能实训　为影片制作跑马灯字幕效果

在MTV文件中，屏幕下方通常会出现文字从一端进入、另一端退出的跑马灯特效。下面就来看看此类效果的制作方法。

⇒ 实训目标

本技能的实训将让读者达到以下目标：

- 学会素材的添加
- 学会标题背景的应用
- 学会标题自定义动画的设置

⇒ 操作步骤

光盘同步文件

素材文件：	光盘\素材文件\Chapter 09\九寨.jpg
项目文件：	光盘\结果文件\Chapter 09\跑马灯字幕效果.vsp
同步视频文件：	光盘\视频教程\Chapter 09\技能实训.avi

STEP 01 打开会声会影，❶ 导入本书配套光盘中的"素材文件\Chapter 09\九寨.jpg"图像，❷ 设置区间长度为00:00:10:00，❸ 在"重新采样选项"中选择"调到项目大小"选项，如下图所示。

STEP 02 切换到标题轨，❶ 双击屏幕，输入要添加的标题文字内容，❷ 在选项面板中设置字体、颜色、大小以及对齐方式，然后拖曳其位置到屏幕下方，如下图所示。

STEP 03 勾选"文字背景"复选框，为当前文字应用背景效果，使文字更加突出，如下图所示。

STEP 04 单击"自定义文字背景属性"图标，在打开的对话框中设置如下图所示的参数。

STEP 05 切换到"属性"选项卡，❶ 勾选"应用"复选框，❷ 在下拉列表中选择"飞行"选项，❸ 单击"自定义动画属性"图标，如下图所示。

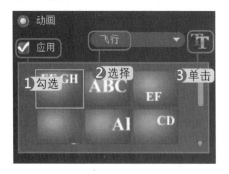

STEP 06 ❶ 勾选"加速"复选框，❷ 设置起始和终止单位分别为"字符"、暂停时间为"长"，❸ 分别单击➡按钮和➡按钮，设置运动方式为从左往右移动，❹ 单击"确定"按钮，如下图所示。

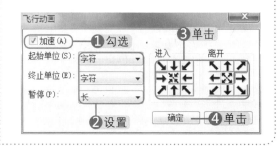

STEP 07 在标题轨设置标题的播放时间，然后在预览窗口中观察跑马灯滚动播放效果，如下图所示。

想一想，练一练

通过本章内容的学习，请读者完成以下练习题。

（1）为自己制作的影片添加标题。

（2）为影片标题更换好看的字体，并进行旋转。

（3）为影片标题制作边框效果。

（4）为影片标题制作背景效果。

（5）为影片标题制作动画效果。

Chapter

10

影片的音频设置

● 本章导读

　　一部优秀的影视作品离不开声音和背景音乐的衬托。利用会声会影X3的"音频"素材库，用户可以为影片增加旁白、背景音乐，同时还可以对已添加的音频素材进行修正。下面介绍影片的音频设置。

● 本章学完后应会的技能

- 了解音频选项面板
- 添加音频
- 音量调节和修整
- 使用音频滤镜

● 本章多媒体同步教学文件

- 光盘\视频教程\Chapter 10\10-2-1.avi～10-2-5.avi
- 光盘\视频教程\Chapter 10\10-3-1.avi～10-3-3.avi
- 光盘\视频教程\Chapter 10\10-4-1.avi、10-4-2.avi
- 光盘\视频教程\Chapter 10\技能实训.avi

10.1 音频选项面板

完整的视频作品，少不了音频素材的衬托。通过会声会影X3，用户可以轻松地为自己制作的视频合成需要的音频效果。在这之前，我们先来了解音频选项面板的基本知识。

10.1.1 音频素材库

在素材库面板中单击"音频"图标，将切换到音频素材库，在这里可以选择会声会影X3中自带的音频素材模板，如下图所示。

当前音频素材库中包含了后缀为.mpa格式的音频素材，同时用户也可以在当前素材库中添加MP3、WMA等其他音频格式的素材。

10.1.2 "音乐和声音"选项

将音频素材添加到声音轨或者音乐轨并单击，会出现"音乐和声音"选项面板，如下图所示。

这里的参数主要用于添加音频素材、设置音频素材的播放时间以及为音频应用滤镜特效，其参数含义如下。

1 淡入/淡出

单击"淡入/淡出"按钮，可以将当前音频素材设置为从没有到开始播放，或设置为在结束之前减小声音以便结束播放。

2 录制画外音

单击"录制画外音"图标，可以打开"调整音量"对话框，如右图所示。用户可以在这里预先测试话筒的音量。

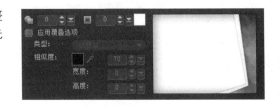

3 从音频CD导入

单击"从音频CD导入"图标，打开"转存CD音频"对话框，如右图所示。用户可以通过此功能将CD音乐导入到会声会影X3的音乐轨中。

4 回放速度

单击"回放速度"图标，打开"回放速度"对话框，如右图所示。用户可在这里更改音频素材的播放速度和区间。

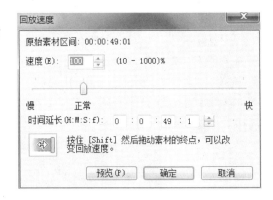

5 音频滤镜

单击"音频滤镜"图标，打开"音频滤镜"对话框，如右图所示。用户可在这里为所选的音频素材应用软件自带的各种音频滤镜，如长回音、噪音降低等。

10.1.3　"自动音乐"选项

在选项面板中单击"自动音乐"标签,以切换到"自动音乐"选项面板,用户可以在这里设置自动音乐,并让其自动与视频影片相匹配,如下图所示。

会声会影X3的自动音乐制作器功能可以帮助用户轻松地创作出高水平的配乐,并将其应用到自己制作的视频中。该选项面板的参数含义如下。

1　范围

设置程序用哪种模式来搜索不同类型的自动音乐文件,如右图所示。

2　设置基调

用于对自动音乐进行背景声的设置,如右图所示。

一点通:只有添加自动音乐后才能单击此图标。

3　滤镜

在右侧的滤镜列表中,列出了当前能够添加的音乐滤镜种类,如右图所示。

4 子滤镜

对应滤镜列表，进行更为精细的滤镜选择划分，如右图所示。

提个醒：只有在范围中选择Smart Sound Store类型后，才能进行子滤镜的选择。

5 音乐

用户可以在这里选择要添加的自动音乐类型，如右图所示。

提个醒：只有在范围中选择了Smart Sound Store类型后，这里才会显示音乐列表。

6 播放所选的音乐

单击"播放所选的音乐"图标，可以对当前选择的音乐进行播放预览，如右图所示。

7 购买

单击"购买"图标，可以在线购买所选择的自动音乐，如右图所示。

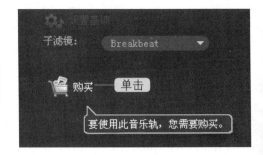

提个醒：与之前的版本不一样，会声会影X3不再提供免费的自动背景音乐，如果用户需要使用此功能，必须进行付费购买。

8 SmartSound Quicktracks

单击SmartSound Quicktracks图标，可打开SmartSound Quicktracks 5对话框，用户可在当前素材库中查看信息并管理SmartSound素材，如下图所示。

一点通：SmartSound是一种智能音频技术，使用者可以通过简单的曲风选择，就可以从无到有，瞬间自动生成符合影片长度的专业级配乐，同时它还可以实时、快速地改变或调整音乐的音乐和节奏。

10.2 添加音频

在会声会影X3中获取音频素材文件的方法很多，用户可以直接从素材库中拖曳音频文件到相关轨道，也可以将计算机硬盘或者光盘上的音频文件添加到这些轨道之中。除此之外，用户还可以通过话筒来录制自己的声音作为音频素材，或者直接从视频文件中获取音频素材。下面我们就来讲解这方面的知识。

10.2.1 从素材库中添加音频

从素材库中添加音频素材文件是最简单的方法，只需将素材库中的音频文件拖曳到声音轨或者音乐轨中即可，具体操作步骤如下。

光盘同步文件 同步视频文件：光盘\视频教程\Chapter 10\10-2-1.avi

STEP 01 ❶单击"音频"图标，切换到"音频"素材面板，❷在素材库中选择要进行添加的素材，如下图所示。

STEP 02 ❶按住选择的素材不放，❷移动鼠标，将其拖曳到下方的声音轨中，如下图所示。

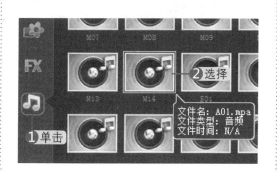

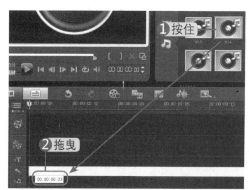

STEP 03 用户也可以直接右击所选音频素材，❶选择"插入到"选项，❷再选择要添加的声音轨即可，如右图所示。

10.2.2 从硬盘中添加音频

如果需要使用硬盘中的其他音频素材，可以直接通过声音轨或者音乐轨中的"插入"命令添加音频文件，具体操作步骤如下。

光盘同步文件　同步视频文件：光盘\视频教程\Chapter 10\10-2-2.avi

STEP 01 ❶在声音轨或音乐轨中单击鼠标右键，❷选择"插入音频"选项，❸根据需要选择插入到声音轨还是音乐轨中，如下图所示。

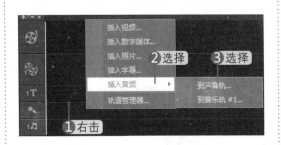

STEP 02 ❶选择计算机中保存的音频文件，❷单击"打开"按钮，如下图所示。

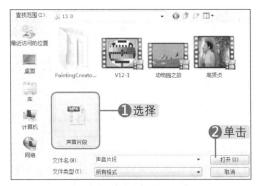

STEP 03 选择的音频素材将直接被添加到所选择的声音轨中，如右图所示。

10.2.3 录制外部声音

会声会影X3的"声音录制"功能，可以通过连接麦克风来录制外部的各种声音，具体的实现步骤如下。

光盘同步文件　同步视频文件：光盘\视频教程\Chapter 10\10-2-3.avi

STEP 01 添加视频素材后，单击选项面板中的"录制画外音"图标，如下图所示。

STEP 02 打开"调整音量"对话框，❶在这里调节音量的大小，❷确认后单击"开始"按钮，如下图所示。

STEP 03 录制完成后，单击"停止"图标，结束音乐的录制，如下图所示。

STEP 04 录制完成后的音频会自动添加到声音轨中，如下图所示。

10.2.4 转存CD音乐

　　一般来说，CD音乐光盘中的音乐是无法直接复制到计算机中的，但是通过会声会影X3，则可以轻松地将这些音频文件转存到计算机硬盘中，以便于欣赏和编辑。

光盘同步文件　　同步视频文件：光盘\视频教程\Chapter 10\10-2-4.avi

STEP 01 将CD光盘放入光盘驱动器，在"音乐和声音"选项面板中单击"从音频CD导入"图标，如下图所示。

STEP 02 ❶勾选要进行转存的CD音频曲目，❷单击"质量"右侧的倒三角按钮，如下图所示。

STEP 03 ❶在下拉列表中选择"自定义"选项，❷单击右侧的"选项"按钮，如下图所示。

STEP 04 打开"音频保存选项"对话框，❶设置音频的压缩格式和音频质量，❷单击"确定"按钮，如下图所示。

STEP 05 ❶设置转化后音频文件的命名方式，❷勾选"转存后添加到项目"复选框，❸单击"转存"按钮，如右图所示。

提个醒：选择的CD曲目将自动按照指定的格式和命名方式保存到硬盘中，同时转存完成后自动添加到会声会影X3的项目文件中。

10.2.5 从影片中截取音乐

有时候欣赏影片，会发现其中有很多美妙的配乐或者背景，通过会声会影X3可以轻松地将这些音乐截取下来，并将其保存到计算机中。

◎ **光盘同步文件**　同步视频文件：光盘\视频教程\Chapter 10\10-2-5.avi

STEP 01 在会声会影X3编辑器中，任意添加要截取音频素材的影片文件，如下图所示。

STEP 02 在"音乐和声音"选项面板中单击"分割音频"图标，如下图所示。

STEP 03 此时软件会自动将影片中的音频内容进行分离，并自动将其添加到声音轨中，如右图所示。

　　一点通： 分割后的视频缩略图左下角的 🔊 图标会自动变为 🔇 图标，表示视频素材已经不包含声音。

10.3　音量调节和修整

将音频素材添加到声音轨或者音乐轨中后，用户还可以根据影片的实际需要，对音频素材进行修整。

▓▓▓ 10.3.1　延长音频素材的播放时间

　　要进行音频素材的编辑，首先需要在相应的轨道上选择该素材，然后使用以下方法来进行素材的修整。

- 在轨道中拖曳素材左右两侧的黄色标记进行时间修整。
- 在选项面板中设置"区间"时间进行修整。
- 通过预览窗口下方的修整栏进行定位，然后通过标记位置进行修整。

　　上面的方法可以应付一些播放时间较长的音频素材，但是对于一些播放时间较短又想使其与影片匹配的音频素材，该怎么办呢？其实，通过前面介绍的选项面板中的"回放速度"功能就能够解决这个问题。

◎ **光盘同步文件**　同步视频文件：光盘\视频教程\Chapter 10\10-3-1.avi

STEP 01 在会声会影X3编辑器的时间轴中，❶选择添加的需要修改的音频素材，❷单击选项面板中的"回放速度"图标，如下图所示。

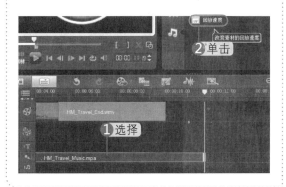

STEP 02 打开"回放速度"对话框，❶在"速度"设置框中输入比正常值100稍快的数值，或者通过直接向右拖曳飞梭栏来调快音频的播放速度，减少其播放时间，❷单击"确定"按钮，如下图所示。

STEP 03 在时间轴中查看修改的素材，发现音频素材与视频轨中的素材实现了同步，如右图所示。

 一点通： 如果需要缩短播放时间，则进行相反的操作。

10.3.2　手动调整音频音量

会声会影X3中包含了多种不同的声音，如影片本身的声音、添加到声音轨中的声音、添加到音乐轨中的声音等。如何有效地控制每种声音的音量大小，使其互不影响，是音频处理的一个重要环节。

不管是何种音频文件，修改音量的操作都是非常简单的。选择音频素材以后，右侧选项面板中都有"素材音量"大小控制选项，如右图所示。

通过输入数值大小或者直接单击右侧的按钮即可进行音频音量大小的调节。

通过设置不同素材中的音量大小，可以让原本杂乱的声音互相协调，形成独特的影片配音效果。比如介绍类的影片，可以将声音轨中的介绍声音设置得高一些，将背景音乐的声音设置得小一些；对于一些风景欣赏片，则可以将背景音乐设置得大一些，同时素材中的原始音乐，如小泉流水的声音可以设置得小一些。

通过以上的方法虽然简单，但是只能对素材中音频部分的音量做统一调整，并不是很方便，此时就可以通过会声会影的"环绕混音"选项卡和"音频视图"来实时调整音频素材中任意一点的音量，使不同的声音可以更好地混合在一起。

◎ 光盘同步文件　同步视频文件：光盘\视频教程\Chapter 10\10-3-2.avi

STEP 01 在会声会影X3编辑器的时间轴中，❶选择添加的需要修改的音频素材，❷单击工具栏的"混音器"图标，如下图所示。

STEP 02 进入"环绕混音"选项卡，在时间轴中选择要进行调整的音频素材，将鼠标移动到音频素材中间的红色调节线位置，此时会出现↕图标，如下图所示。

STEP 03 单击鼠标，此时会自动在当前位置创建一个关键点，鼠标指针也同时变为图标，如右图所示。

STEP 04 按住鼠标不放，上下移动可调节当前所选音频波段的音量大小，如下图所示。

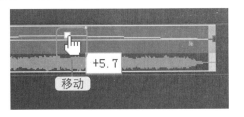

STEP 05 用同样的方法创建其他关键点，然后按住鼠标上下拖曳关键点，设置不同位置的音量大小，如下图所示。

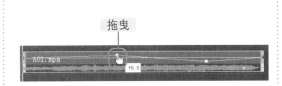

 一点通： 在音频素材上单击鼠标右键，选择"重置音量"命令，可以将调整后的音量大小恢复到默认状态。

10.3.3 调整立体环绕声

在"环绕混音"选项卡中，用户可以单独调整各个声道的音量大小，使环绕声出现更加立体的效果。

光盘同步文件 同步视频文件：光盘\视频教程\Chapter 10\10-3-3.avi

STEP 01 选择添加的需要修改的音频素材，单击工具栏的"混音器"图标，如下图所示。

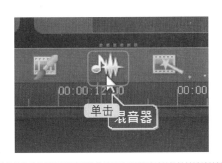

STEP 02 进入"环绕混音"选项卡，在立体声右侧单击"即时回放"按钮预览音频效果，如下图所示。

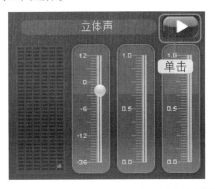

STEP 03 ❶向左拖曳音符符号，❷上下拖曳立体声音量滑块，调整左声道的音量，如下图所示。

STEP 04 ❶向右拖曳音符符号，❷调整右声道的音量，如下图所示。

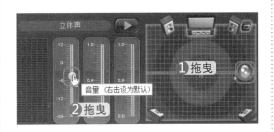

一点通： 声道可以简单地理解为一种声音来源方式。一个声道代表一个声音来源，通常称为单声道，已经被淘汰；两个声道代表两个声音来源，它能够让人耳感受到不同位置产生的声音，所以也被称为立体声；而3个以上声道能够产生循环的声音磁场，所以也被称为立体环绕声。

STEP 05 ❶单击"设置"菜单，❷选择"启用5.1环绕声"命令，如下图所示。

STEP 06 在弹出的对话框中单击"确定"按钮，将当前音频文件模拟出5.1环绕声效果，如下图所示。

提个醒： 5.1环绕声是立体环绕声的一种，它由前置、中置、右前置、左环绕、右环绕5个声道以及一个0.1超低音声道组成，是目前比较流行的一种多声道立体环绕系统。开启这个功能，必须要求用户拥有5.1环绕声音响设备。

STEP 07 设置完成后，右侧的音符符号可以上下左右自由拖曳，形成环绕的效果，同时左侧原本2声道的显示界面也变为5声道显示，如右图所示。

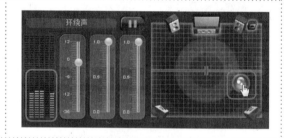

提个醒： 普通模式下，音量控制左侧可以看见两个声道的播放效果，而当开启"5.1环绕声"以后，则会出现5个声道的播放效果。

一点通： 每拖曳音符一次，就会自动在声音轨中增加一个音量调节节点。

10.4 使用音频滤镜

会声会影X3能够让用户将滤镜（如放大、嘶声降低、长回音、等量化、音调偏移、删除噪音、混响、体育场、声音降低和音量级别）应用到声音轨和音乐轨中的音频素材中。

10.4.1 放大音乐的音量

有些音乐文件的音量过小，即使调整系统音量也不是很大，此时可以通过会声会影X3软件的"音频滤镜"功能来更改这些声音文件的原始音量大小。

STEP 01 在声音轨或者音乐轨中任意添加需要调整声音的素材，单击选项面板中的"音频滤镜"图标，如下图所示。

STEP 02 打开"音频滤镜"对话框，❶在左侧的"可用滤镜"列表中选择"放大"滤镜类型，❷然后单击"选项"按钮，如下图所示。

STEP 03 ❶设置放大声音的比例，❷单击"预览"图标进行试听，❸满意后单击"确定"按钮，如下图所示。

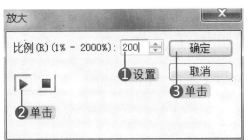

STEP 04 返回"音频滤镜"对话框，单击"添加"按钮，如下图所示，将设置好的"放大"滤镜添加到右侧。

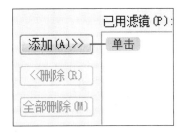

STEP 05 添加滤镜成功，这里可以删除或者重新设置滤镜参数，确认无误后，单击"确定"按钮即可放大当前音频素材的音量，如右图所示。

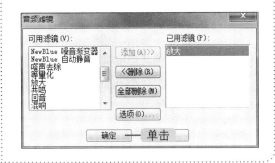

10.4.2 去除视频中的噪音

一些视频素材由于拍摄的环境复杂（人太多或者下雨等天气原因），所以在录制时时常会伴有明显的杂音效果。对于有这种情况的视频素材，后期可以通过"音频滤镜"功能来进行解决。

STEP 01 在声音轨或者音乐轨中任意添加需要修缮音质的视频文件，单击选项面板中的"分割音频"图标，如下图所示。

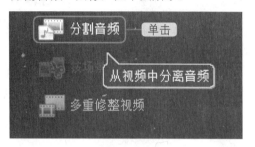

STEP 02 ❶选择被单独分割出来的音频，❷单击"音频滤镜"图标，如下图所示。

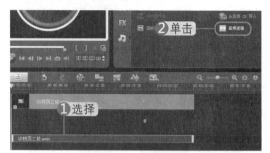

STEP 03 在打开的对话框中，❶分别添加几种声音修缮滤镜，❷单击"确定"按钮确认应用，如右图所示。

STEP 04 输出当前修缮后的影片效果，输出时，会声会影会自动将视频和音频重新添加到一起。

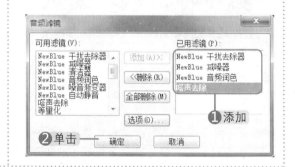

 提个醒：在添加滤镜之前，也可以先进行相关设置。

技能实训 替换视频原有的背景声音

很多视频作品中都拥有不同类型的配音效果，而对于已经拥有原始配音的视频，也可以进行适当的润色修改。下面就来练习这方面的应用技巧。

➡ 实训目标

本技能的实训将让读者达到以下目标：

- 学会视频和音频素材的分割
- 了解音频的各种设置方法
- 学会滤镜的添加方法

➡ 操作步骤

光盘同步文件

素材文件： 光盘\素材文件\Chapter 10\动物世界.wmv、动物世界.mp3

项目文件： 光盘\结果文件\Chapter 10\替换视频原有的背景声音.vsp

同步视频文件： 光盘\视频教程\Chapter 10\技能实训.avi

STEP 01 ❶在视频轨中添加本书配套光盘中的"素材文件\Chapter 10\动物世界.wmv"视频文件，❷在选项面板中单击"分割音频"图标，如下图所示。

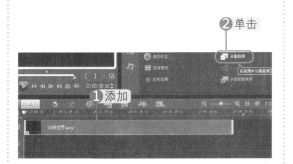

STEP 02 ❶右击分割后的音频，❷选择"删除"命令，如下图所示。

STEP 03 ❶在声音轨的空白位置单击鼠标右键，❷选择"插入音频"下的"到声音轨"命令，如下图所示。

STEP 04 ❶选择本书配套光盘中的"素材文件\Chapter 10\动物世界.mp3"音频文件，❷单击"打开"按钮，如下图所示。

STEP 05 ❶选择添加的歌曲文件，❷在选项面板中，设置其区间与视频素材的播放时间一致，如下图所示。

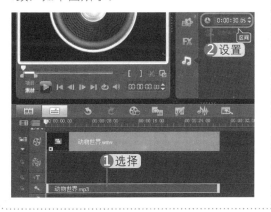

STEP 06 ❶单击"淡出"按钮，❷再单击"音频滤镜"图标，如下图所示。

STEP 07 ❶为当前音频添加"NewBlue音频润色"滤镜，❷然后单击"确定"按钮，完成背景音乐的替换，如右图所示。

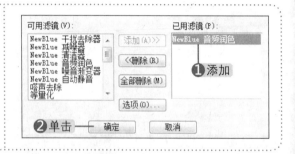

想一想，练一练

通过本章内容的学习，请读者完成以下练习题。

（1）切换到"自动音乐"选项面板，试听自动音乐。

（2）从CD音乐光盘中复制音乐文件到会声会影X3软件。

（3）通过会声会影X3录制自己的声音。

（4）为自己录制的声音进行立体环绕声设置。

（5）通过音频滤镜对录制的声音进行噪音消除处理。

Chapter

11 分享输出影片

● 本章导读

    影片制作完成后，用户可以根据自己的需要将它们刻录成VCD/DVD光盘，或制作成为可以发布在网页上的网络视频文件等。会声会影X3提供了多种视频输出方式，本章将介绍分享和输出影片的知识。

● 本章学完后应会的技能

- 认识"分享"步骤面板
- 创建影片视频
- 进行项目回放
- 导出影片到移动设备
- 创建影片光盘

● 本章多媒体同步教学文件

- 光盘\视频教程\Chapter 11\11-2-1.avi～11-2-3.avi
- 光盘\视频教程\Chapter 11\11-3.avi～11-5.avi
- 光盘\视频教程\Chapter 11\技能实训.avi

11.1 认识"分享"步骤面板

在会声会影X3的"分享"步骤面板中，包含了很多分享输出命令，如下图所示，通过这些命令，用户可以轻易地创建视频输出。

这里的输出命令从功能上讲可以分为4类，分别是创建视频文件到电脑、将视频文件导出并上传到网络、分享视频到DV设备、导出视频到移动设备。

11.1.1 创建视频文件

单击"创建视频文件"图标，会弹出如右图所示的菜单。选择不同的命令，可以让用户将编辑的影片项目创建为不同格式的视频文件，以便存放在计算机中。

菜单中包含多种不同的输出方式，下面分别进行介绍。

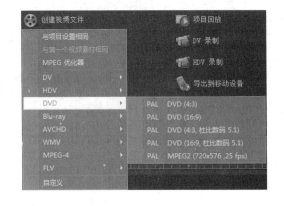

1 与项目设置相同

选择此命令，将默认输出与项目文件属性设置完全一样的视频文件。

2 与第一个视频素材相同

选择此命令，将输出与添加到项目文件中的第一个视频素材属性相同的影片。

3 MPEG优化器

该命令主要用于分析并查找用于项目的最佳MPEG设置，然后按此方式，使项目的原始片段设置与最佳项目设置配置文件兼容，从而节省创建的渲染时间，同时使所有视频片段保持较高质量，如右图所示。

4　DV（DV输出）

包含PAL DV（4:3）和PAL DV（16:9）两种比例规格，如右图所示，分别用于保存高质量的视频影像，或者把编辑好的影片回录到摄像机。

| PAL　DV (4:3) |
| PAL　DV (16:9) |

5　HDV（高清视频输出）

输出为高清影像格式，包含720p（分辨率为1280×720）和1080i（分辨率为1440×1080）两种格式。HDV 1080i-50i（针对HDV）、HDV 720p-25p（针对HDV）主要用于输出和回录到HDV摄像机的视频文件，HDV 1080i-50i（针对PC）、HDV 720p-25p（针对PC）主要用于输出到计算机上观看的视频文件，如右图所示。

| HDV 1080i - 50i(针对 HDV) |
| HDV 720p - 25p(针对 HDV) |
| HDV 1080i - 50i(针对 PC) |
| HDV 720p - 25p(针对 PC) |

6　DVD（光盘和MPEG输出）

包括PAL DVD（4:3）、PAL DVD（16:9）、PAL DVD（4:3,杜比数码5.1）、PAL DVD（16:9,杜比数码5.1）、PAL MPEG2（720×576,25 fps），用于输出固定尺寸和格式的MPEG文件，如右图所示。

| PAL　DVD (4:3) |
| PAL　DVD (16:9) |
| PAL　DVD (4:3, 杜比数码 5.1) |
| PAL　DVD (16:9, 杜比数码 5.1) |
| PAL　MPEG2 (720x576 ,25 fps) |

7　Blu-ray（蓝光光盘格式输出）

输出为蓝光光盘格式影片，包含PAL Mpeg2和H.264两种格式，每种格式各包含（1920×1080）和（1440×1080）两种分辨率，如右图所示。

| PAL　Mpeg2 (1920x1080) |
| PAL　Mpeg2 (1440x1080) |
| PAL　H.264 (1920x1080) |
| PAL　H.264 (1440x1080) |

8　AV CHD（高画质光碟输出）

用于输出制作高清光盘格式，包括PAL HD -1920（1920×1980）和PAL HD-1440（1440×900）两种格式，如右图所示。

| PAL　HD - 1920 |
| PAL　HD - 1440 |

9　WMV（压缩格式输出）

用于输出适合在网页或便携设备上使用的小格式的WMV文件，如右图所示。

WMV HD 1080 25p和WMV HD 720 25p用于输出高质量的高清视频；WMV Broadband（352×288, 30 fps）用于输出网络视频；Pocket PC WMV（320×240, 15 fps）用于输出掌上电脑播放的视频；Smartphone WMV（220×176 15 fps）用于输出智能手机上播放的视频。

| WMV HD 1080 25p |
| WMV HD 720 25p |
| WMV Broadband　(352X288, 30 fps) |
| Pocket PC WMV (320x240, 15 fps) |
| Smartphone WMV (220x176, 15 fps) |

10 MPEG-4（便携格式输出）

此格式主要用于输出各种便携设备所能够播放的视频。不同的前缀代表所支持的便携设备，主要包括iPod（苹果播放器）、iPhone（苹果手机）、PSP（索尼游戏机）、PDA/PMP（掌上电脑）、移动电话等类型，如右图所示。

11 FLV（Flash格式输出）

主要将视频输出为网络流行的Flash动画格式，包含（320×240）和（640×480）两种分辨率大小不同的格式，如右图所示。

12 自定义

选择后会弹出"创建视频文件"对话框，这里可以由用户自由设置所输出视频的格式，如右图所示。

11.1.2 创建声音文件

单击"创建声音文件"图标，会弹出如右图所示的对话框。在这里，用户可以自由选择所需要输出的音频格式，单击"保存"按钮，即可将项目中的音频部分单独保存为声音文件。

11.1.3　创建光盘

单击"创建光盘"图标，会自动打开DVD Factory Pro 2010光盘制作界面，用户可以通过这里的向导提示进行光盘的创建和刻录，如下图所示。

> 提个醒：关于DVD Factory Pro 2010的使用可参考第3章的相关内容。

11.1.4　项目回放

单击"项目回放"图标，会弹出如右图所示的对话框。在这里，用户可以自由选择要预览的是整个项目还是部分影片内容，同时还可以勾选"使用设备控制"复选框，启用DV摄像机来控制预览视频。

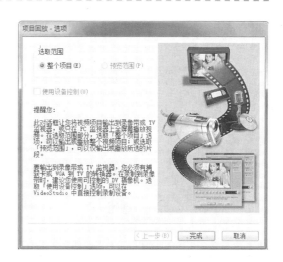

> 提个醒：如果系统中连接了VGA到电视的转换器、摄像机，则还可以将项目输出到录像带。

选　项	说　明
选取范围	选中"整个项目"单选项，将输出或预览整个视频项目；选中"预览范围"单选项，将输出或预览所选的视频片段
使用设备控制	勾选后可以在摄像机中直接控制输出或播放视频

11.1.5　DV录制

单击"DV录制"图标，用户可以使用DV摄像机将自己所创建的视频文件录制到DV磁带上。

11.1.6　HDV录制

单击"HDV录制"图标，用户可以使用HDV摄像机将自己所创建的视频文件录制到DV磁带上。

> 提个醒：　"DV录制"和"HDV录制"功能必须是使用DV磁带作为保存介质的摄像机才可使用。

11.1.7　导出到移动设备

单击"导出到移动设备"图标，会弹出如"创建视频文件"下类似的菜单。在这里，用户可以自由选择相应的格式和输出设备，会声会影会自动将视频文件导出到SONY PSP、Apple iPod、PDA、智能手机等移动设备中。

> 提个醒：此选项与"创建视频文件"中的MPEG-4（便携格式输出）命令基本一样，前面为设备名称，后面为视频格式的大小以及属性。

11.1.8　上传到YouTube

单击 You Tube 图标，会自动引导用户将当前制作的视频作品上传到YouTube视频网站上进行在线共享。

11.1.9　上传到Vimeo

单击 vimeo 图标，会自动引导用户将当前制作的视频作品上传到Vimeo视频网站上进行在线共享。

11.2　创建影片视频

会声会影X3是一款影视编辑创作软件，所有在编辑过程中所创作的视频、声音、标题、动画等素材，在没有进行渲染之前，都是独立存在的。要使其成为一个整体，就需要进行视频的输出。

11.2.1　输出自定片段的影片

如果用户需要将创建影片的部分场景进行渲染输出，这时就可以先指定需要输出的预览范围，然后在执行"分享"命令。

> 光盘同步文件　　同步视频文件：光盘\视频教程\Chapter 11\11-2-1.avi

STEP 01 影片制作完成后，❶在预览窗口中切换到项目模式，❷将擦洗器拖曳到需要输出的预览范围开始的位置，❸单击"开始标记"按钮进行标记，如下图所示。

STEP 02 ❶继续拖曳擦洗器到需要输出的预览范围的结束位置，❷单击"结束标记"按钮结束标记，如下图所示。此时，在预览条中间会出现一条白色预览线，代表当前标记的范围。

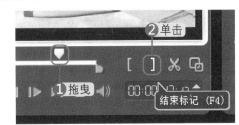

STEP 03 ❶对当前标记的输出影片范围进行预览，根据需要进行细微的调整，❷切换到"分享"步骤面板，如下图所示。

STEP 04 在"分享"步骤面板中，❶单击"创建视频文件"图标，❷选择一种视频输出类型，如下图所示。

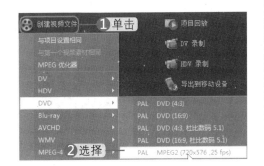

STEP 05 打开"创建视频文件"对话框，单击"选项"按钮，如下图所示。

STEP 06 ❶在打开的对话框中选中"预览范围"单选项，❷单击"确定"按钮，如下图所示。

STEP 07 ❶输入保存名称，❷单击"保存"按钮进行指定视频片段的导出，如右图所示。

11.2.2　单独输出项目视频

在一些特殊场合，需要将影片中的视频和音频单独进行保存。下面我们就来学习如何单独保存项目中的视频内容。

光盘同步文件　同步视频文件：光盘\视频教程\Chapter 11\11-2-2.avi

STEP 01 影片制作完成后，❶切换到"分享"步骤面板，❷单击"创建视频文件"图标，❸选择"自定义"命令，如下图所示。

STEP 02 在弹出的"创建视频文件"对话框中，单击"选项"按钮，如下图所示。

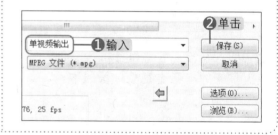

STEP 03 ❶切换到"常规"选项卡，❷在"数据轨"下拉列表中选择"仅视频"选项，❸单击"确定"按钮返回，如下图所示。

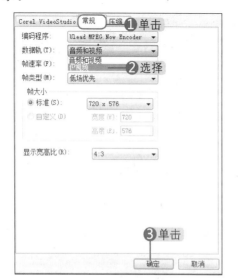

STEP 04 ❶输入视频输出的名称，❷单击"保存"按钮进行渲染输出，如下图所示。

11.2.3　单独输出项目音频

　　除了单独输出影片视频外，有时候也需要将影片中的音频部分进行单独输出（利用专业的音效软件对音频进行润色加工等），具体的操作步骤如下。

光盘同步文件　同步视频文件：光盘\视频教程\Chapter 11\11-2-3.avi

STEP 01 影片制作完成后，❶切换到"分享"步骤面板，❷单击"创建声音文件"图标，如下图所示。

STEP 02 打开"创建声音文件"对话框，❶设置声音文件的保存位置，❷输入保存名称，❸选择要保存的声音格式，❹单击"选项"按钮，如下图所示。

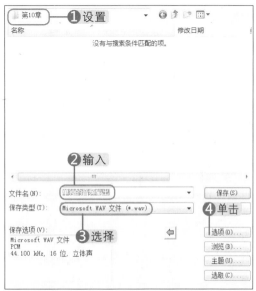

STEP 03 ❶在弹出的对话框中切换到"压缩"选项卡，❷在这里可以进一步设置声音文件的属性，❸单击"确定"按钮返回，如下图所示。

STEP 04 单击"保存"按钮进行渲染输出，如下图所示。

11.3 进行项目回放

项目回放用于将自己制作的全部或部分视频输出到 DV 摄像机上，以便让用户在计算机或电视上全屏幕预览实际大小的影片。

◎ 光盘同步文件　同步视频文件：光盘\视频教程\Chapter 11\11-3.avi

STEP 01 打开一个完成的影片项目，在预览播放器中定位需要进行回放的起始位置，如下图所示。

STEP 02 ❶切换到"分享"步骤面板，❷单击"项目回放"图标，如下图所示。

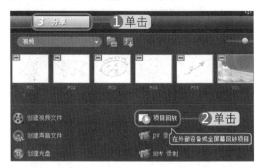

STEP 03 ❶在弹出的"项目回放"对话框中选中"预览范围"单选项，❷单击"完成"按钮，如下图所示。

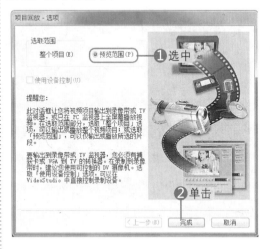

STEP 04 此时计算机屏幕上即可开始全屏播放视频，如下图所示。

 一点通：如果需要停止项目回放，按【Esc】键即可。

11.4 导出影片到移动设备

会声会影X3支持用户直接将编辑中的影片视频导出到各种移动设备，如手机、PDA、移动硬盘等。下面以导出到手机存储卡为例进行介绍。

光盘同步文件　同步视频文件：光盘\视频教程\Chapter 11\11-4.avi

11.4.1 连接移动设备

要扩展手机的各项功能，需要计算机的大力配合。不过在这之前，当然还得先安装必要的软件。下面以诺基亚5530手机的安装为例进行介绍。

STEP 01 在诺基亚官方网站下载与5530匹配的PC套件，如下图所示。

STEP 02 运行下载的PC套装程序，单击"下一步"按钮进行安装，如下图所示。

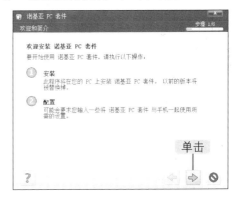

STEP 03 ❶选中"我接受许可协议中的条款"单选项，❷单击"下一步"按钮，如下图所示。

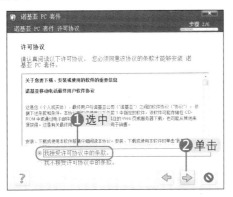

STEP 04 ❶选择软件安装位置，❷单击"下一步"按钮，如下图所示。

STEP 05 系统自动开始安装诺基亚PC套件程序，如下图所示。

STEP 06 提示安装完成时，单击"完成"按钮，如下图所示。

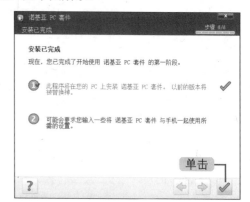

STEP 07 自动打开连接向导，单击"下一步"按钮继续，如下图所示。

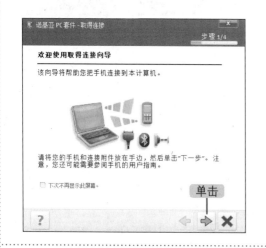

STEP 08 ❶选择一种连接类型，如这里的"电缆连接"，❷单击"下一步"按钮，如下图所示。

STEP 09 使用USB数据线连接手机和计算机，如下图所示。

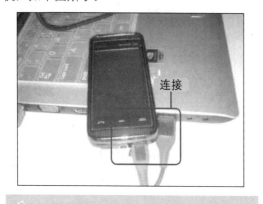

提个醒：连接成功后，就可以直接从会声会影X3中导出影片到手机了。

STEP 10 在手机中选择连接模式，确认后提示连接成功，直接单击"完成"按钮，如下图所示。

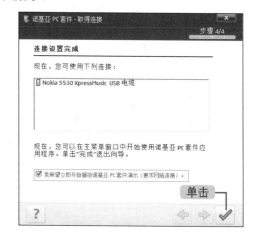

11.4.2　导出影片到设备

成功连接手机以后，接下来就可以通过会声会影X3直接导入影片到手机了，具体步骤如下。

STEP 01 ❶单击"导出到移动设备"图标，❷选择"移动电话MPEG-4（320×240,15 fps）"输出选项，如下图所示。

STEP 02 在打开的对话框中，❶选择要导出的手机设备，❷单击"确定"按钮，如下图所示。

 提个醒：连接好的移动设备都会在这里显示。

STEP 03 会声会影X3将自动开始执行渲染输出操作，如下图所示。

正在渲染：41% 完成... 按 ESC 中止。

STEP 04 导出成功，在计算机中打开添加的移动设备，即可查看到导出的视频，如下图所示。

11.5　创建影片光盘

随着刻录机的广泛应用，越来越多的家庭用户将自己拍摄的DV片段通过视频软件编辑后，刻录为VCD/DVD光盘。会声会影X3不仅具有强大的视频编辑功能，同时还提供了光盘刻录功能，为用户轻松制作光盘提供了方便。

在进行光盘刻录的时候，选择合适的光盘格式非常重要，不同的格式会带来不同的效果，像传统的VCD影片一般在电视中画面比较模糊，而DVD影片则画质较好。

◎ **光盘同步文件**　同步视频文件：光盘\视频教程\Chapter 11\11-5.avi

11.5.1 选择光盘模板样式

单击 "创建光盘"图标，会打开DVD Factory Pro 2010光盘刻录工具。下面来介绍如何进行模板样式的选择。

STEP 01 在"分享"操作面板中，单击"创建光盘"图标，如下图所示。

STEP 02 在打开的对话框中，❶设置项目的名称，❷选择光盘格式，如下图所示。

STEP 03 这里有"继承"和"趣味"两种光盘模板样式，在其中一种样式中任意选择要应用的模板，然后单击右下角的"转到菜单编辑"按钮，如下图所示。

11.5.2 将影片刻录到光盘

选择光盘模板样式以后，接下来就可以进行光盘的刻录操作了，具体的操作步骤如下。

STEP 01 进入光盘刻录界面，将鼠标移动到右侧的"设置"图标旁单击，如右图所示。

 提个醒：一般在刻录光盘时保持默认选项即可，不需要额外设置。

STEP 02 打开"设置"对话框，❶拖曳右侧的滑块，❷根据当前光盘进行相应设置，如下图所示。

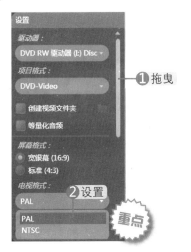

STEP 03 ❶单击"为菜单添加更多文本"图标，在下方预览窗中出现文本输入框，❷输入要添加的文字，如下图所示。

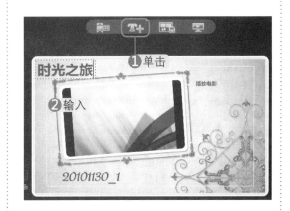

STEP 04 将鼠标移动到刚输入的标题上，会自动打开文字设置框，在这里设置文字字体、大小和颜色，如下图所示。

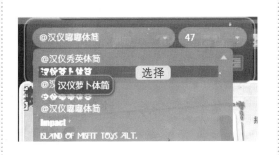

STEP 05 将鼠标移动到标题四周的🔄图标处，上下拖曳鼠标，旋转标题文字，如下图所示。

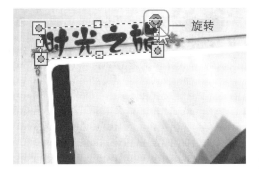

STEP 06 单击"在家庭播放器中预览光盘"图标，如下图所示。

STEP 07 ❶模拟家庭影院中的电视进行当前影片光盘的播放，❷确认效果无误后，直接单击"刻录"按钮将影片刻录到光盘，如下图所示。

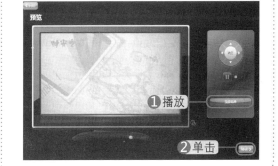

技能实训　在网络上共享自己的DIY视频

要想让多人欣赏自己的作品，一般都是通过上传到一些视频网站中，而使用会声会影软件创建影视作品以后，可以直接进行该操作，省去了许多时间。

➡ 实训目标

本技能的实训将让读者达到以下目标：

- 了解视频YouTube网站
- 宽屏模式和普通屏幕模式的选择
- 学会视频的直接上传方法

➡ 操作步骤

◎ **光盘同步文件**　同步视频文件：光盘\视频教程\Chapter 11\技能实训.avi

STEP 01 ❶单击"上传到YouTube"图标，❷选择"MPEG-4（4:3）"选项，如下图所示。

STEP 02 ❶选择保存地址，❷输入保存名称，❸单击"保存"按钮，如下图所示。

STEP 03 会声会影X3软件会自动开始影片的渲染输出，如下图所示。

 一点通：如果没有用户名和密码，可以进入YouTube官方网站进行注册。

STEP 04 渲染完成，自动打开上传对话框，❶在这里输入YouTube用户名和密码，❷单击"下一步"按钮，如下图所示。

STEP 05 ❶勾选"我同意上诉声明"复选框，❷单击"下一步"按钮，如下图所示。

STEP 06 ❶输入视频的标题、描述和标记，❷单击"下一步"按钮，如下图所示。

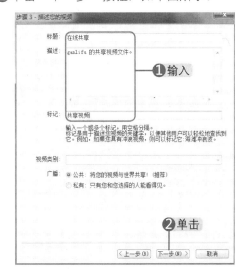

STEP 07 ❶单击"上传视频"按钮，进行影片上传，❷结束后直接单击"完成"按钮即可，如右图所示。

 提个醒：上传速度根据硬盘大小和用户网速的快慢而定，需要一个过程，需要大家耐心等待。

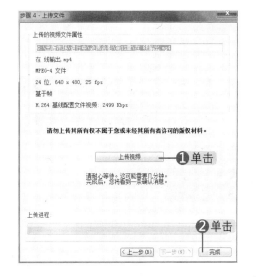

想一想，练一练

通过本章内容的学习，请读者完成以下练习题。

（1）通过单击不同"分享"步骤面板中的命令，熟悉输出功能的基础知识。

（2）自定义输出影视作品的部分片段。

（3）单独输出MV视频中的音频。

（4）将自作的短片导出到手机。

（5）在网络上共享DIY的视频。

Chapter

12

制作宝贝成长相册

● 本章导读

　　本章将结合前面所学的各种会声会影操作方法来制作一个宝贝成长电子影集。相信通过本章内容的学习，大家对于会声会影的各种操作会有新的认识与掌握。

● 本章学完后应会的技能

- ● 电子相册模板的创建
- ● 图片素材的插入和编辑
- ● 转场过渡的添加和编辑
- ● 标题动画的应用
- ● 背景音乐的添加

● 本章多媒体同步教学文件

　　光盘\视频教程\Chapter 12\制作宝贝成长相册1～7.avi

12.1 制作前的分析

本例将制作动态的宝贝电子相册，以此来记录宝宝的每一个成长足迹。下面先来看看本案例的效果展示以及设计理念分析。

12.1.1 效果展示

本案例的效果如下图所示。

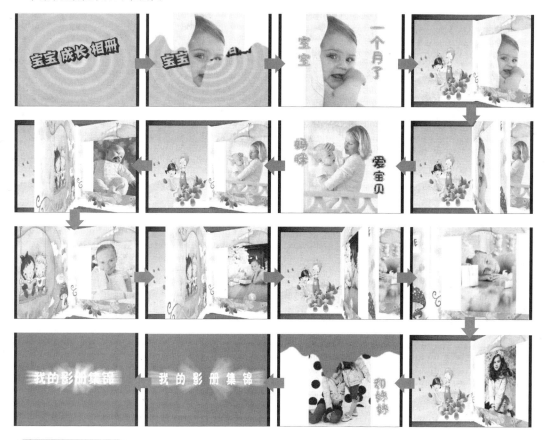

光盘同步文件

素材文件： 光盘\素材文件\Chapter 12\0.jpg ～12.jpg、a.jpg、b.jpg、童年.mp3

项目文件： 光盘\结果文件\Chapter 12\宝贝成长相册\宝贝成长相册.vsp

案例文件： 光盘\结果文件\Chapter 12\宝贝成长相册\宝贝成长相册.mpg

同步视频文件： 光盘\视频教程\Chapter 12\制作宝贝成长相册1～7.avi

12.1.2 设计分析

大家在制作影片之前，最好先拟定一个整体规划，明白自己每一个步骤应该进行什么样的创作。在制作本例时，我们先利用标题动画效果来制作一段片头，并进行输出，这样可以避免后期合成的时候与相册正文产生混淆。在后面的相册制作过程中，我们依照插入素材、添加转场、创建标题、制作相册片尾、添加标题动画以及添加背景音乐的顺序进行了制作。

12.2 制作相册片头模板

任何完整的影片都需要片头来进行说明，在制作相册之前，我们先来制作一个相册片头模板。

STEP 01 ❶打开会声会影X3，切换到"图形"素材库，❷选择"色彩"素材库，❸拖曳如下图所示的色彩素材到故事板视图中。

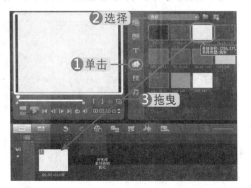

STEP 02 选择添加的色彩素材，添加"FX涟漪"滤镜，如下图所示。

STEP 03 ❶单击"时间轴视图"按钮，❷切换到"标题"素材库，❸拖曳如下图所示的标题到标题轨中。

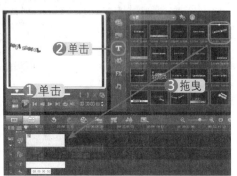

STEP 04 在预览窗口中单击鼠标，选择添加的标题模板，如下图所示。

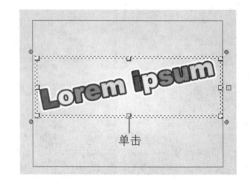

STEP 05 ❶双击鼠标，出现输入框，❷重新输入新的中文文字"宝宝 成长 相册"，如下图所示。

STEP 06 在右侧的选项面板中，选择字体为"方正剪纸简体"，如下图所示。

 一点通：很多网站都提供了字体的下载，如果找不到喜欢的字体，可以通过百度进行搜索下载。

STEP 07 ❶单击"色彩选取器"，❷选择如下图所示的颜色色块。

STEP 08 ❶单击"边框/阴影/透明度"图标，❷单击"阴影"标签，如下图所示。

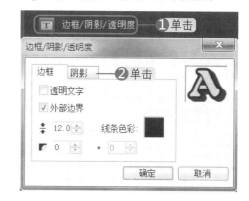

STEP 09 切换到"阴影"选项卡，❶单击"凸起阴影"按钮，❷单击"光晕阴影颜色"图标，❸选择黑色，如下图所示。

STEP 10 单击标题素材库的"添加至收藏夹"图标，将当前的标题效果进行收藏，如下图所示。

STEP 11 ❶切换到"分享"操作面板，❷单击"创建视频文件"图标，❸选择DVD下的PAL MPEG2（720×576,25 fps）选项，如下图所示。

STEP 12 ❶选择保存位置，❷输入保存名称，❸单击"保存"按钮，如下图所示。

STEP 13 会声会影X3软件自动进行影片的输出渲染，如下图所示。

正在渲染：97% 完成... 按 ESC 中止。

STEP 14 完成电子相册片头的制作输出，在预览播放窗口中进行预览，效果如下图所示。

12.3 插入并编辑图片素材

要进行相册制作，首先需要添加图片素材，并需要对这些图片进行处理，以达到制作相册的特殊要求。下面来介绍一下详细的操作方法。

12.3.1 设置相册背景色

由于导入的照片不一定与屏幕匹配，为了使照片与背景协调，可以先进行相册背景色的替换，具体操作步骤如下。

STEP 01 ❶单击"设置"菜单，❷选择"参数选择"命令，如下图所示。

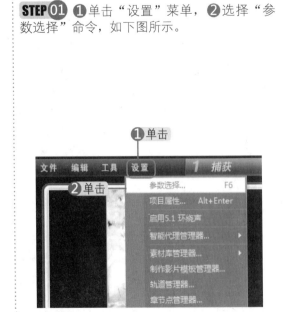

STEP 02 ❶单击下方的背景色右侧的色块，❷在弹出的色彩选取器中选择如下图所示的颜色。

STEP 03 ❶切换到"编辑"选项卡，❷设置各参数，❸单击"确定"按钮。

 提个醒：一般创建影片前都可以进行一次相应的设置，以使其符合工作需要。

12.3.2　插入图片素材

完成背景色的设置后，下面来看图片素材的插入，具体方法如下。

STEP 01 ❶在视频轨中单击鼠标右键，❷选择"插入照片"命令，如下图所示。

STEP 02 ❶选择本书配套光盘中的"素材文件\Chapter 12\0.jpg～12.jpg"图像文件，❷单击"打开"按钮进行导入，如下图所示。

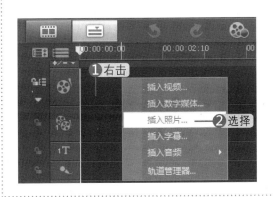

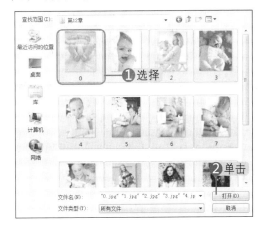

STEP 03 单击"故事板视图"按钮，切换到故事板视图模式，如右图所示。

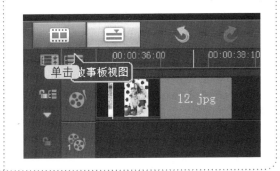

STEP 04 在故事板视图中查看导入的图片素材，如下图所示。

STEP 05 ❶ 在"视频"素材库中，选择前面制作的相册片头，❷ 拖曳到故事板视图的最前面位置，如下图所示。

12.3.3 编辑图片素材

导入图片素材以后，接下来就要进行图片素材的编辑了，下面来看具体的方法。

STEP 01 ❶ 选择导入的第一幅图片素材，❷ 在选项面板中单击"色彩校正"图标，如下图所示。

STEP 02 ❶ 勾选"白平衡"复选框，❷ 单击如下图所示的"云彩"按钮。

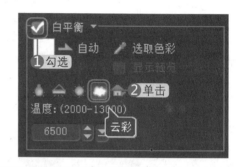

STEP 03 用同样的方法为其他的图片应用同样的效果。

12.4 为图片素材添加转场过渡

下面来为图片素材添加转场，使它们之间在进行过渡时不过于突兀，下面来看具体的添加方法。

STEP 01 ❶ 切换到"擦拭"转场素材库，❷ 在这里选择"流动"转场，❸ 拖曳到片头动画和第一段图片素材之间，如右图所示。

STEP 02 ❶选择添加的"流动"转场，❷单击选项面板中的最强柔化边缘，如下图所示。

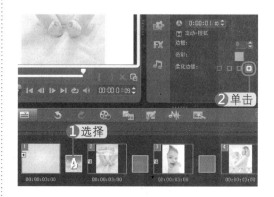

STEP 03 ❶切换到"相册"转场素材库，❷在这里选择"翻转"转场，❸拖曳到第1段图片素材和第2段图片素材之间，如下图所示。

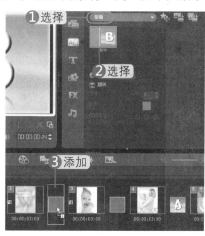

STEP 04 ❶设置当前转场效果的参数，❷单击"自定义"按钮，如下图所示。

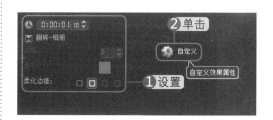

STEP 05 单击"自定义相册封面"下的按钮，如下图所示。

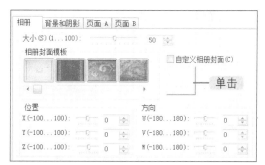

STEP 06 ❶选择本书配套光盘中的"素材文件\Chapter 12\a.jpg"图像文件，❷单击"打开"按钮，如下图所示。

STEP 07 ❶切换到"页面A"选项卡，❷单击"自定义相册封面"下的按钮，如下图所示。

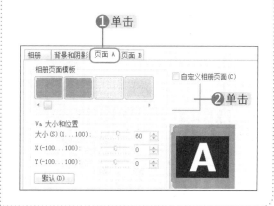

STEP 08 ❶选择本书配套光盘中的"素材文件\Chapter 12\b.jpg"图像文件，❷单击"打开"按钮，如下图所示。

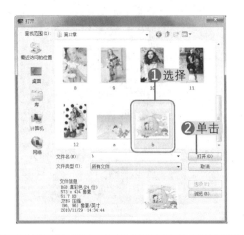

STEP 09 ❶用同样的方法为"页面B"也添加b图像素材，❷单击"确定"按钮，如下图所示。

STEP 10 返回高级编辑窗口，在视频轨中为其他图像素材也添加同样的转场效果，如右图所示。

 提个醒：页面A和页面B最好添加同样的图像素材作为封面。

12.5 创建相册标题

转场效果添加完成后，接下来为相册添加标题文字，具体步骤如下。

STEP 01 ❶在时间轴视图中，定位🞖图标位置在00:00:02:00处，❷切换到"标题"面板，如下图所示。

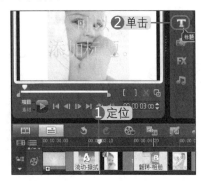

STEP 02 ❶在选项卡中单击右侧的倒三角按钮，❷在打开的下拉列表中选择如下图所示的标题效果。

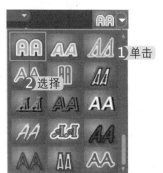

STEP 03 在选项面板中设置标题为垂直显示，然后依次输入文字"宝宝"、"一个月了"，如下图所示。

STEP 04 选择"宝宝"文字，设置文字参数如下图所示。

STEP 05 选择"一个月了"文字，设置参数如下图所示。

STEP 06 定位▭图标位置在00:00:06:15处，双击预览窗口，输入标题"妈咪"和"爱宝贝"，如下图所示。

STEP 07 ❶框选"宝贝"文字，❷设置大小为60，如下图所示。

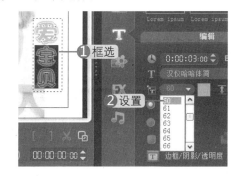

STEP 08 单击选择如下图所示的颜色，其他参数保持默认。

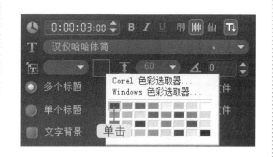

STEP 09 定位▭图标位置在00:00:10:16处，双击预览窗口，输入标题"宝宝断奶中"，如右图所示。

STEP 10 单击选择如下图所示的颜色，其他参数保持默认。

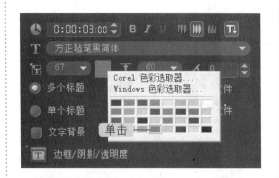

STEP 11 定位▭图标位置在00:00:14:14处，双击预览窗口，分别输入标题"我"、"6岁"、"了"文字，如下图所示。

STEP 12 ❶选择"6岁"标题，❷设置显示方式为水平，❸设置大小为66，其他具体参数如下图所示。

STEP 13 选择标题"我"和"了"，统一设置参数如下图所示。

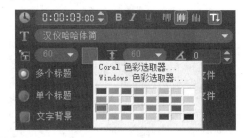

STEP 14 定位▭图标位置在00:00:18:14处，双击预览窗口，输入标题"温馨的生日"，如下图所示。

STEP 15 选择输入的标题文字，设置参数如下图所示。

STEP 16 定位▭图标位置在00:00:22:14处，双击预览窗口，输入标题"全是礼物哦"，如右图所示。

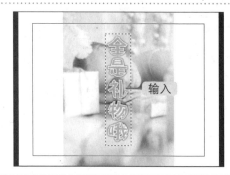

STEP 17 ❶设置标题为水平方式显示，❷设置其他参数如下图所示。

STEP 18 定位▢图标位置在00:00:26:15处，双击预览窗口，输入标题"我和朋友"，如下图所示。

STEP 19 保持参数的默认状态不做更改，将标题移动到左上方位置，如下图所示。

STEP 20 定位▢图标位置在00:00:30:15处，双击预览窗口，输入标题"朋友的礼物"，如下图所示。

STEP 21 选择"朋友"标题，❶设置为垂直显示，❷然后设置参数如下图所示。

STEP 22 定位▢图标位置在00:00:34:15位置，双击预览窗口，输入标题"可爱的"、"米奇"，保持参数的默认状态，不做更改，如下图所示。

STEP 23 定位▢图标位置在00:00:38:15处，双击预览窗口，输入标题"12"和"岁的我"，如下图所示。

STEP 24 选择"12"标题，设置为水平显示方式，然后将两种标题移动到一起，并保持标题参数的默认状态，如下图所示。

STEP 25 定位▢图标位置在00:00:42:15处，双击预览窗口，输入标题"流行"、"酷"、"时尚"，保持默认参数状态，如下图所示。

STEP 26 定位▢图标位置在00:00:46:11处，双击预览窗口，输入标题"现在的我"、"和妹妹"，如下图所示。

STEP 27 ❶设置两个标题为水平显示方式，❷统一设置参数如右图所示。

 提个醒：标题创建完成后，接下来可以仔细对每个标题进行检查，看区间是否和图片播放时间一致等。

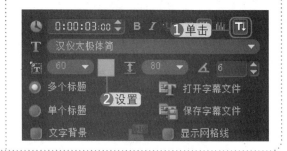

12.6 设计制作电子相册片尾

完成前面的制作后，接下来为电子相册制作动态的片尾效果，具体的制作步骤如下。

STEP 01 ❶切换到"色彩"素材库，选择色彩素材，❷拖曳到下方视频轨的最末尾位置，如下图所示。

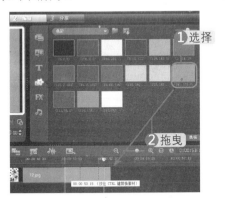

STEP 02 选择当前添加的色彩素材，设置播放区间为0:00:06:00，如下图所示。

STEP 03 ❶切换到"擦拭"转场素材库，选择"流动"转场，❷拖曳到下方的色彩素材前，如下图所示。

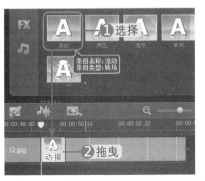

STEP 04 ❶选择转场并设置区间，❷单击最强柔化边缘，如下图所示。

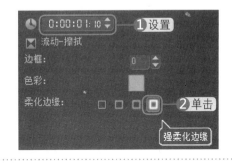

STEP 05 ❶切换到"标题"素材库，选择标题，❷将其拖曳到标题轨，如下图所示。

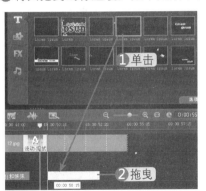

STEP 06 选择标题，拖曳调节播放区间，使其与片尾色彩素材一致，如下图所示。

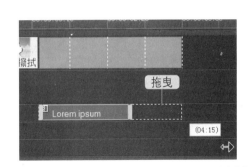

STEP 07 双击预览窗口，输入标题文字"我的影册集锦"，如下图所示。

STEP 08 选择如下图所示的字体色彩，其他参数保持默认状态。

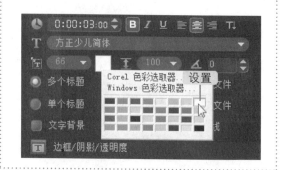

STEP 09 完成片尾动画创建，在预览播放窗口中进行预览欣赏，如下图所示。

12.7 为标题应用动画效果

为了使电子相册在播放时更加富有动感，可以为标题应用动画效果，让标题文字更加活跃，具体步骤如下。

STEP 01 ①选择最后一段标题文字，切换到"属性"选项面板，②应用如下图所示的动画特效。

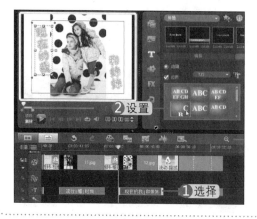

STEP 02 ①选择前面一段标题文字，切换到"属性"选项面板，②应用如下图所示的动画特效。

STEP 03 ❶选择前面一段标题文字，切换到"属性"选项面板，❷应用如下图所示的动画特效。

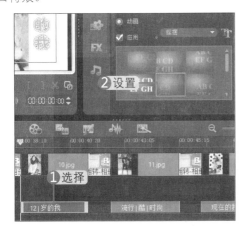

STEP 04 ❶选择前面一段标题文字，切换到"属性"选项面板，❷应用如下图所示的动画特效。

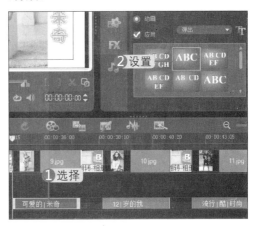

STEP 05 ❶选择前面一段标题文字，切换到"属性"选项面板，❷应用如下图所示的动画特效。

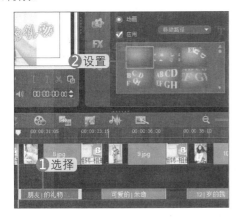

STEP 06 ❶选择前面一段标题文字，切换到"属性"选项面板，❷应用如下图所示的动画特效。

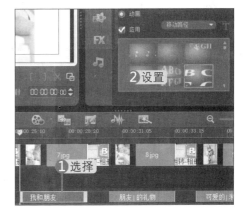

STEP 07 ❶选择前面一段标题文字，切换到"属性"选项面板，❷应用如下图所示的动画特效。

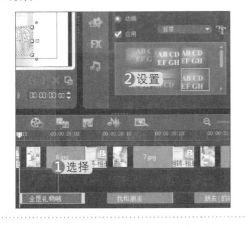

STEP 08 ❶选择前面一段标题文字，切换到"属性"选项面板，❷应用如下图所示的动画特效。

STEP 09 ❶选择前面一段标题文字，切换到"属性"选项面板，❷应用如下图所示的动画特效。

STEP 10 ❶选择前面一段标题文字，切换到"属性"选项面板，❷应用如下图所示的动画特效。

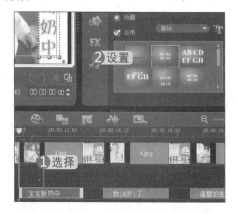

STEP 11 ❶选择前面一段标题文字，切换到"属性"选项面板，❷应用如下图所示的动画特效。

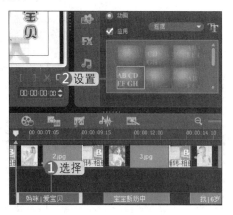

STEP 12 ❶选择前面一段标题文字，切换到"属性"选项面板，❷应用如下图所示的动画特效。

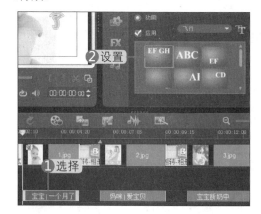

12.8 添加背景音乐

一部好的影片需要好的配景来陪衬。下面就来为电子相册增加背景音乐，具体步骤如下。

STEP 01 ❶在声音轨上单击鼠标右键，❷选择"插入音频"中的"到声音轨"命令，如右图所示。

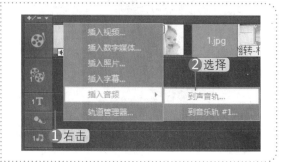

STEP 02 ❶选择要导入的音频素材，❷单击"打开"按钮，如下图所示。

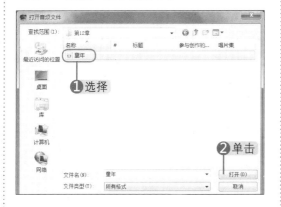

STEP 03 选择导入的音频素材，设置其播放区间长度与电子相册影片的播放长度一致，如下图所示。

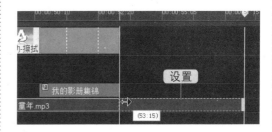

STEP 04 单击"淡入"和"淡出"按钮，设置音频播放开始和结尾时的播放效果，如下图所示。

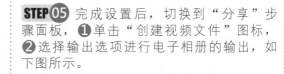

STEP 05 完成设置后，切换到"分享"步骤面板，❶单击"创建视频文件"图标，❷选择输出选项进行电子相册的输出，如下图所示。

 提个醒：这里可以根据自己的实际需要选择合适的格式进行输出。

Chapter

制作旅游纪实影片

13

● 本 章 导 读

　　随着数码设备的流行，越来越多的用户喜欢在外出旅游时，利用DV摄像机将沿途美景一一录制下来。本章将结合前面所学的知识，向大家介绍如何制作旅游集锦影片。

● 本 章 学 完 后 应 会 的 技 能

- 素材的添加
- 素材的修整和编辑
- 转场过渡的添加
- 片头片尾的制作

● 本 章 多 媒 体 同 步 教 学 文 件

　🕓 光盘\视频教程\Chapter 13\制作旅游纪实影片1～6.avi

DVD

13.1　制作前的分析

本案例将合成一部外出旅游时拍摄的视频影像，以此来纪念曾经外出旅游时的点点滴滴。下面先来看看本案例的效果展示以及设计理念分析。

13.1.1　效果展示

本案例的效果如下图所示。

光盘同步文件

素材文件：	光盘\素材文件\Chapter 13\Cap001.mpg、Cap002.mpg
项目文件：	光盘\结果文件\Chapter 13\旅游纪实影片.vsp
案例文件：	光盘\结果文件\Chapter 13\旅游纪实影片.mpg
同步视频文件：	光盘\视频教程\Chapter 13\制作旅游纪实影片1～6.avi

13.1.2　设计分析

在制作本影片之前，应该遵循一个原则，这里需要进行的是视频编辑，也就是将视频进行合成。因此，掌握拍摄中的视频片段变化，合理地进行修缮加工，才是制作好本实例的基础和保障。另外需要注意的是，由于影片内容比较单一（都是同一个地方的拍摄记录），因此在处理各种视频效果时（如转场效果）应该统一，不要过于凌乱。

13.2 导入视频素材

在创建影片之前，首先需要导入DV摄像机中拍摄的视频录像，下面来看具体的操作方法。

STEP 01 连接DV到计算机，启动会声会影X3，❶切换到"捕获"步骤面板，❷单击"捕获视频"图标，如下图所示。

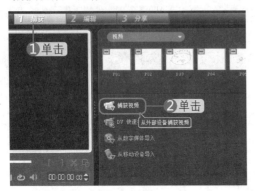

STEP 02 ❶在选项面板中的区间框中输入数值，可以指定捕获视频的起始位置，❷在"格式"选项栏中选择捕获视频格式，❸单击"捕获文件夹"图标自定义捕获视频位置，如下图所示。

STEP 03 ❶在打开的对话框中指定一个用于保存视频文件的捕获文件夹，❷单击"确定"按钮，如下图所示。

STEP 04 单击"选项"图标，在打开的菜单中可以进行更多的捕获设置，如下图所示。

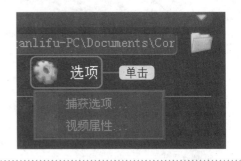

STEP 05 将摄像机的POWER开关调动到VCR播放状态，按播放键开始播放当前拍摄内容，如右图所示。

STEP 06 ❶在预览窗口中预览当前拍摄的视频内容，❷单击"捕获视频"图标开始视频捕获，如下图所示。

STEP 07 导入完成后，单击"停止捕获"图标，此时导入的视频将自动保存到视频素材库，如下图所示。

13.3 修整视频素材

导入的影片一般都是一整段视频，而对于需要进行处理的影片来说，显得不合时宜，如果进行手动分割视频，又显得非常麻烦。此时可以考虑使用"按场景分割"命令来进行视频的自动分割。

STEP 01 录制完毕后，影片自动添加到素材库，❶选择影片，❷将其拖曳到视频轨中，如下图所示。

STEP 02 在选项面板中，单击"按场景分割"图标，如下图所示。

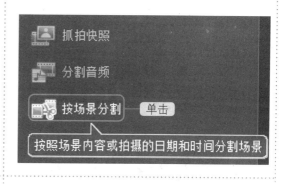

STEP 03 在打开的"场景"对话框中，单击"选项"按钮，如下图所示。

STEP 04 ❶设置"敏感度"为60，❷单击"确定"按钮，如下图所示。

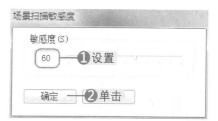

STEP 05 ❶单击"扫描"按钮进行扫描，❷完成后直接单击"确定"按钮，如下图所示。

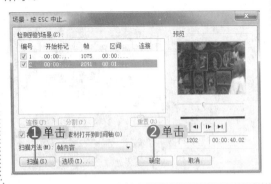

STEP 06 扫描完成，分割后的视频自动加载到视频轨中，如下图所示。

13.4 校正视频色彩属性

对于分割后的视频，用户可对其进行一些润色处理，使视频颜色更加明亮，适合编辑输出，具体步骤如下。

STEP 01 在选项面板中单击"色彩校正"图标，如下图所示。

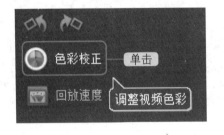

STEP 02 勾选下方的"自动调整色调"复选框，如下图所示。

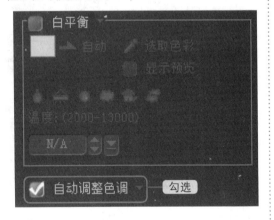

STEP 03 为其他视频片段也应用同样的"自动调整色调"命令。

13.5　为视频添加转场效果

对于分割后的视频，为了在播放不同片段的时候不会显得过于生硬，可以为它们统一添加转场效果，具体步骤如下。

STEP 01 ❶切换到故事板视图，❷单击素材库工具栏中的"转场"图标，❸选择"取代"转场组，如下图所示。

STEP 02 ❶选择"棋盘"转场，❷拖曳到下方的视频中间位置，如下图所示。

STEP 03 在选项面板中设置转场方向，如下图所示。

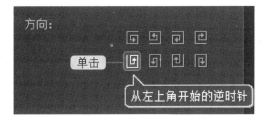

STEP 04 用同样的方法为其他视频添加一样的转场效果，如下图所示。

13.6　为影片创建片头

一段完成的视频影片，除了要有视频内容外，还需要片头和片尾来进行衬托。本节就来介绍片头的制作方法。

STEP 01 ❶在"视频"素材库中选择V04视频，❷拖曳到视频轨的最前面位置，如右图所示。

STEP 02 ❶单击素材库工具栏的"标题"图标，❷双击预览窗口，输入文字"岁月的旅程"，如下图所示。

STEP 03 ❶在选项面板中，设置颜色为黑色，❷单击"边框/阴影/透明度"图标，其他参数设置为如下图所示。

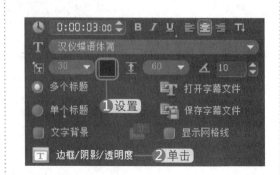

STEP 04 ❶设置边框为2，❷单击色块，选择想要的颜色，❸确认后单击"确定"按钮，如下图所示。

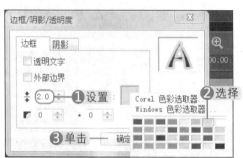

STEP 05 继续输入标题文字"丽江古城"，如下图所示。

STEP 06 选择当前输入的标题，设置颜色如下图所示。

STEP 07 选择"岁月的旅程"标题，切换到"属性"选项面板，❶选中"动画"单选项，❷选择"淡化"动画组，❸应用如下图所示的动画效果。

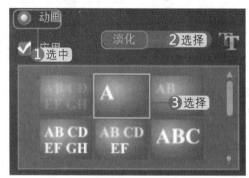

STEP 08 选择"丽江古城"标题，❶选中"动画"单选项，❷选择"飞行"动画组，❸应用如下图所示的动画效果。

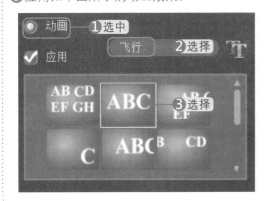

STEP 09 在标题轨中拖曳标题长度，使其与添加的片头视频素材一致，如下图所示。

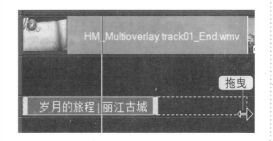

13.7　设计制作影片边框

为了使影片更加有特色，下面来为影片加上边框文字效果，具体方法如下。

STEP 01 ❶单击素材库工具栏的"图形"图标，❷选择"边框"素材库，如下图所示。

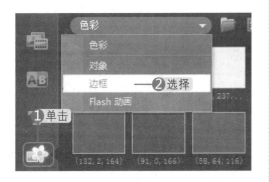

STEP 02 ❶选择F40边框素材，❷将其拖曳到覆叠轨中，如下图所示。

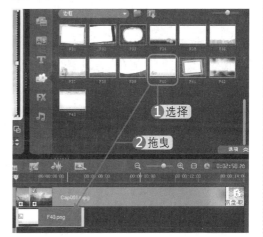

STEP 03 拖曳添加的边框区间长度，使其与拍摄的视频素材长度一致，如右图所示。

 提个醒：选择"调整到屏幕大小"命令，可以使其与视频素材更加匹配。

STEP 04 ❶单击"对齐选项"图标，❷选择"调整到屏幕大小"选项，如下图所示。

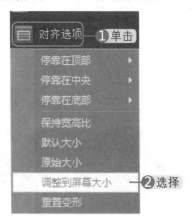

STEP 05 单击标题轨图标，在预览窗口中双击鼠标，输入介绍性文字，这里输入"2005——丽江之旅"，如下图所示。

STEP 06 保持标题字幕的选项不变，单击"边框/阴影/透明度"图标，如下图所示。

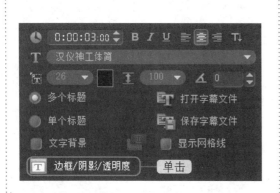

STEP 07 将标题边框颜色设置为白色，其他参数不变，然后在预览窗口中移动到右下方位置，如下图所示。

STEP 08 在标题轨中，拖曳当前标题到最末尾位置，如右图所示。

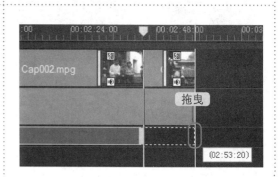

13.8　制作影片片尾

完成前面的操作后，基本上影片就制作完成了，最后我们来进行影片片尾的制作和输出，具体步骤如下。

STEP 01 在"视频"素材库中，❶选择V19视频，❷拖曳到视频轨最末尾位置作为片尾动画，如下图所示。

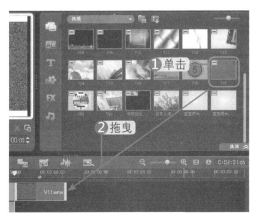

STEP 02 ❶单击"标题"图标，切换到"标题"素材库，❷拖曳如下图所示的标题到标题轨中。

STEP 03 在标题轨中，拖曳当前标题长度，使其与视频轨的视频长度一致，如下图所示。

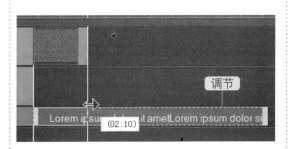

STEP 04 双击预览窗口，当出现输入框时，修改当前文字为"完"，如下图所示。

STEP 05 统一设置当前的标题文字参数如下图所示。

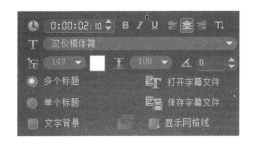

STEP 06 ❶切换到"属性"选项面板，❷单击"自定义动画属性"图标，如下图所示。

STEP 07 ❶将"暂停"选项设置为"长"，❷单击"确定"按钮，如下图所示。

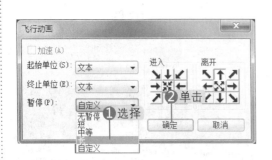

STEP 08 ❶切换到"标题效果"滤镜素材库，❷选择"缩放动作"滤镜，❸拖曳到标题轨，如下图所示。

STEP 09 ❶切换到"分享"步骤面板，❷单击"创建视频文件"图标，❸选择DVD下的PAL MPEG2（720×576,25 fps），如下图所示。

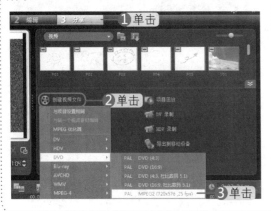

STEP 10 选择保存位置、名称，然后进行影片的渲染输出，如下图所示。

Chapter

14 制作动感婚纱影片

● 本 章 导 读

　　相信每对新人都会拍摄婚纱照片，而一般情况下都是通过婚庆公司帮助自己进行这些照片的合成，却往往不能达到自己想要的效果。通过会声会影X3，用户可以轻松地完成这个任务，让大家随心所欲地编辑动感的婚纱影片。

● 本 章 学 完 后 应 会 的 技 能

- ● 软件的参数设置
- ● 素材的导入和编辑
- ● 多素材的合成处理
- ● 字幕效果的设计
- ● 背景音乐的合成
- ● 分享并输出影片

● 本 章 多 媒 体 同 步 教 学 文 件

　　光盘\视频教程\Chapter 14\制作动感婚纱影片1～9.avi

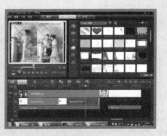

14.1 制作前的分析

本例将制作婚庆动感影片，通过本影片的制作，将自己拍摄的婚纱照转变成动态的视频，让其更加形象、生动。下面先来看看本案例的效果展示以及设计理念分析。

14.1.1 效果展示

本案例的效果如下图所示。

光盘同步文件

素材文件：	光盘\素材文件\Chapter 14\婚纱摄影2-001.jpg～婚纱摄影2-047.jpg、梦中的婚礼.mp3
项目文件：	光盘\结果文件\Chapter 14\婚纱影片效果.vsp
案例文件：	光盘\结果文件\Chapter 14\婚纱影片效果.mpg
同步视频文件：	光盘\视频教程\Chapter 14\制作动感婚纱影片1～9.avi

14.1.2 设计分析

本案例通过整合各种婚纱照，来进行动态的婚庆影片制作。这里的制作过程与前面介绍的电子相册制作比较类似，不过更加复杂，如应用宽屏模式添加垂直的图像；为静态图像应用统一的动态滤镜、动态的Flash元素。至于片头和片尾的制作，则相对简单，只需按照一般的办法进行制作即可。

14.2　创建独立的影片素材库

在进行婚纱影片制作之前，首先我们来进行相片素材库的新建，使其与软件自带的照片进行区分，方便后面的工作。

STEP 01 ❶单击视频素材库右侧的倒三角按钮，❷选择"库创建者"选项，如下图所示。

STEP 02 ❶在"可用的自定义文件夹"中选择"照片"选项，❷单击"新建"按钮，如下图所示。

STEP 03 ❶输入文件夹名称，❷单击"确定"按钮，如下图所示。

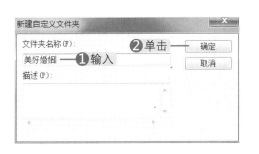

STEP 04 单击"关闭"按钮结束库的创建，如下图所示。

STEP 05 ❶单击"设置"菜单，❷选择"参数选择"命令，如下图所示。

STEP 06 ❶设置会声会影的背景颜色为白色，❷单击"确定"按钮，如下图所示。

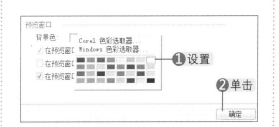

14.3 导入婚纱素材

创建素材库后，接下来将导入素材到当前库中，以便进行后期的操作编辑，具体操作步骤如下。

STEP 01 切换到刚建立的照片素材库，如下图所示。

STEP 02 单击素材库右侧的"添加"按钮，如下图所示。

STEP 03 ❶选择本书配套光盘中的"素材文件\Chapter 14"下的所有图像文件，❷单击"打开"按钮进行导入。

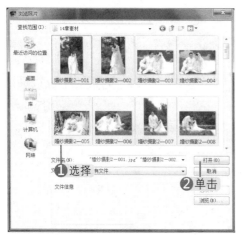

STEP 04 软件开始自动导入当前所选择的素材文件到素材库中，如下图所示。

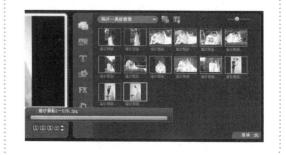

14.4 制作数码影像

完成素材的添加后，接下来的工作就比较复杂了，需要大家慢慢体会，深入了解。下面来介绍具体的方法。

STEP 01 在时间轴视图中单击"轨道管理器"，如右图所示。

STEP 02 ❶勾选"覆叠轨#2"复选框，❷单击"确定"按钮，如下图所示。

STEP 03 ❶在覆叠轨#1中，添加素材库中的第1个素材，❷在覆叠轨#2中，添加素材库中的第2个素材，如下图所示。

STEP 04 分别调整覆叠轨1和覆叠轨2素材的大小到如下图所示的效果。

STEP 05 分别选择覆叠轨1和覆叠轨2素材，设置它们的区间为00:00:04:20，如下图所示。

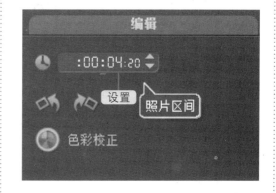

STEP 06 ❶在视频轨中，添加白色色彩素材，❷设置区间长度为00:00:04:20，如下图所示。

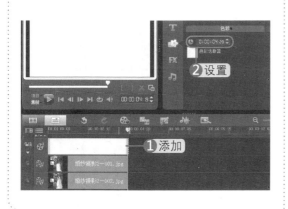

STEP 07 ❶继续在视频轨添加第3个素材，❷设置区间为00:00:04:20，如下图所示。

STEP 08 ❶继续在视频轨添加第4个素材，❷设置区间为00:00:04:20，如右图所示。

提个醒：为了使播放效果一致，这里所有横拍的照片都可以添加到视频轨，而竖拍的照片则一左一右分别添加到覆叠轨#1和覆叠轨#2中。

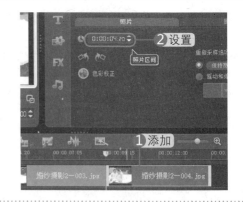

STEP 09 用同样的方法分别添加后续所有素材库中的照片素材，并统一设置区间为00:00:04:20，如下图所示。

一点通：所有添加到覆叠轨中的素材和添加到视频轨中的素材中间都是用白色色块进行过渡。

14.5 输出数码影像

完成影片的制作，我们先来单独将其渲染输出，使其成为一个完整的影片片段，而不是单独的会声会影项目包。

STEP 01 ❶切换到"分享"步骤面板，❷单击"创建视频文件"图标，❸选择如下图所示的输出选项。

STEP 02 ❶选择输出地址，❷设置输出名称，❸单击"保存"按钮，如下图所示。

14.6 设计片头片尾

输出影片以后，接下来可以进行导入，同时为其设计相应的片头和片尾效果，使其成为一个更为完整的主体，具体步骤如下。

STEP 01 ❶单击选择前面输出的影片，❷将其拖曳并添加到视频轨中，如下图所示。

STEP 02 ❶单击软件自带的V14视频素材，❷拖曳并添加到视频轨最前方作为片头，如下图所示。

STEP 03 ❶定位当前添加视频素材的播放时间到00:00:04:23处，❷单击"标题轨"，如下图所示。

STEP 04 ❶双击预览窗口，❷输入"美好de婚姻"标题文字，如下图所示。

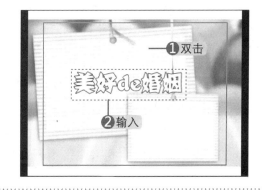

STEP 05 设置如下图所示的标题文字参数。

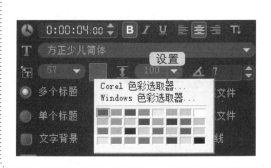

STEP 06 设置文字阴影，如下图所示。

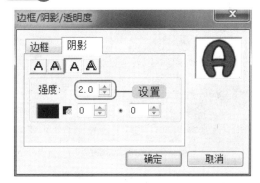

STEP 07 ❶继续输入文字"祝福"，❷设置文字大小为36，❸选择如下图所示的标题模板样式。

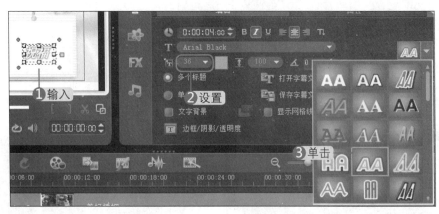

STEP 08 为片头和制作的影片之间应用"溶解"转场效果，如下图所示。

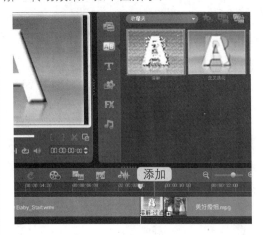

STEP 09 调整标题文字的长度与片头视频一致，如下图所示。

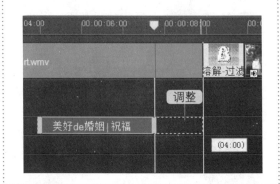

STEP 10 ❶在视频轨最末尾位置添加一段"白色"色彩素材，❷设置区间长度为00:00:04:20，如下图所示。

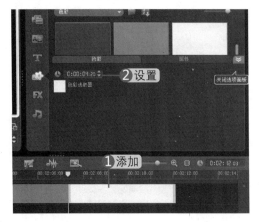

STEP 11 切换到标题轨，添加如下图所示的标题文字。

STEP 12 修改当前标题文字文字为"film end",如下图所示。

STEP 13 完成简易片尾的制作,进行效果预览,如下图所示。

STEP 14 为影片和片尾之间应用"溶解"转场效果进行过渡处理,如下图所示。

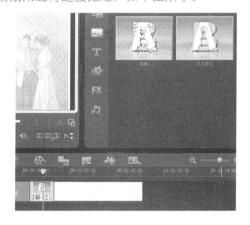

STEP 15 调节标题文字的播放长度,使其与添加转场后的片尾一致,如下图所示。

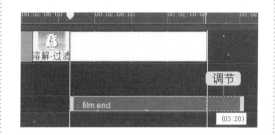

14.7 设计影片字幕

好的影片需要字幕的衬托,才能成为一部优秀的作品。本节将设计影片字幕效果,具体步骤如下。

STEP 01 切换到标题轨,添加如下图所示的标题模板到片头结尾位置。

STEP 02 ❶在预览窗口选择添加的标题模板,❷重新输入文字"A good marriage",如下图所示。

STEP 03 将标题移动到画面的右下角位置，如下图所示。

STEP 04 将标题大小设置为40，其他参数保持不变，如下图所示。

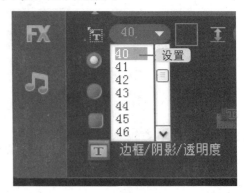

STEP 05 调整当前标题播放区间，使其与影片播放长度一致，如下图所示。

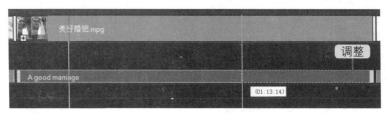

14.8 进行效果处理

仔细观察当前影片，片头和片尾都有了，字幕文件也设计妥当，可是影片本身由于是通过照片进行合成处理的，所以比较单调，因此还需要为其应用一些动态的效果。

STEP 01 ❶切换到"滤镜"素材库，❷为影片添加"云彩"滤镜，如下图所示。

STEP 02 ❶切换到"Flash 动画"素材库，❷在覆叠轨中添加如下图所示的落叶飘飞动画效果。

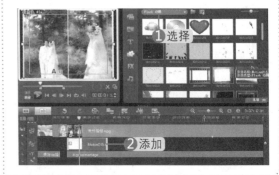

STEP 03 由于Flash动画素材播放时间较短，因此为了获得持续的落叶效果，可以不断添加此素材，直到与视频播放长度完全一致（片头片尾不算），如下图所示。

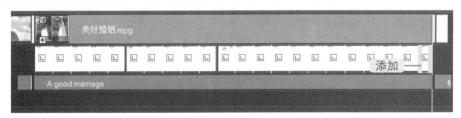

14.9　为影片添加背景音乐

本节将进入这最后一步，就是为影片进行配音处理。不同类型的影片，搭配的背景音乐也不一样，这需要大家在制作影片时进行不断积累。

STEP 01 ① 在时间轴视图中单击鼠标右键，② 选择"到音乐轨#1"命令，如下图所示。

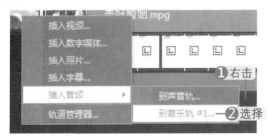

 提个醒：也可以添加到声音轨，这里可根据实际情况而定。

STEP 02 ① 选择本书配套光盘中"素材文件\Chapter 14\梦中的婚礼.mp3"音乐文件，② 单击"打开"按钮，如下图所示。

STEP 03 调节导入的背景音乐与影片的实际播放长度一致，如下图所示。

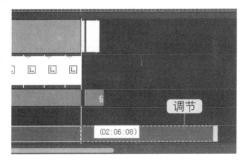

STEP 04 分别单击"淡入"和"淡出"按钮，如下图所示。

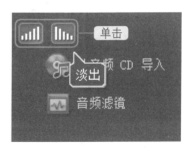

14.10 分享输出影片

至此，整个影片的制作完成，最后将影片渲染输出即可，具体步骤如下。

STEP 01 ❶切换到"分享"步骤面板，❷单击"创建视频文件"图标，❸选择如下图所示的输出选项。

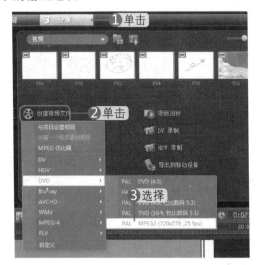

STEP 02 ❶选择保存位置，❷设置保存名称，❸单击"保存"按钮进行输出，如下图所示。

STEP 03 会声会影X3软件开始自动渲染输出制作的影片视频，如下图所示。

一点通：如果需要上传到网络中共享当前影片，可以将其输出为FLV格式。

STEP 04 完成影片的输出，自动进行效果播放，如下图所示。

Chapter

15 打造自己的MTV影片

● 本章导读

　　MTV影片，相信各位朋友都非常熟悉，优美的声音和画面，通常能让人在欣赏时心旷神怡。本章将结合前面所学的各种会声会影知识进行MTV影片的制作。

● 本章学完后应会的技能

- 不同素材的添加
- 素材的编辑和修整
- UTF影片字幕的导入
- 歌词文件的调整
- 分享输出影片

● 本章多媒体同步教学文件

　　光盘\视频教程\Chapter 15\打造自己的MTV影片1～6.avi

15.1　制作前的分析

本案例将结合视频、标题以及歌曲素材，设计了一段MTV影片效果。下面先来看看具体的效果展示以及设计理念分析。

15.1.1　效果展示

本案例的效果如下图所示。

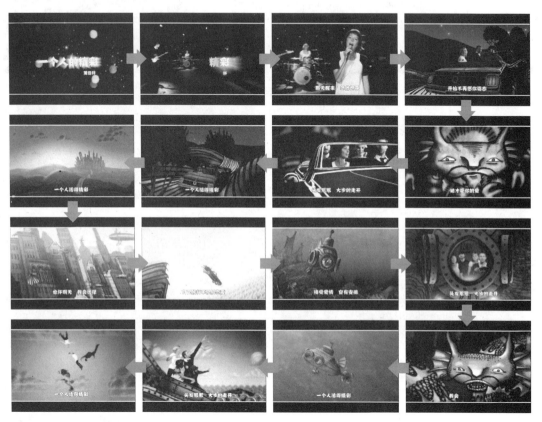

　光盘同步文件

素材文件： 光盘\素材文件\Chapter 15\MV素材.mp4 、一个人的精彩.mp3

项目文件： 光盘\结果文件\Chapter 15\自制MTV影片.vsp

案例文件： 光盘\结果文件\Chapter 15\自制MTV影片.mpg

同步视频文件： 光盘\视频教程\Chapter 15\打造自己的MTV影片1～6.avi

15.1.2　设计分析

　　本案例的重点在于如何将视频与歌曲元素进行合理匹配，使其融为一体。另外，对于标题歌词的添加也需要引起注意，因为一般情况下导入的歌词会与歌曲不协调，这需要大家一边试听一边进行标题位置的调节。

　　还有就是，如果没有特殊需要，歌词不需要进行动画特效的添加，因为这容易引起歌词显示过快、过慢、不完全等情况，从而降低MTV影片的观赏性。

15.2 导入影片素材

在进行影片制作之前，首先来进行影片素材的导入，它包括视频素材和音频素材两部分。

15.2.1 导入视频素材

在MTV影片中，视频素材是作为绿叶进行陪衬，但又是不可或缺的。下面来进行视频素材的导入。

STEP 01 启动会声会影X3，❶勾选"宽银幕（16:9）"复选框，❷单击"高级编辑"按钮，如下图所示。

STEP 02 ❶在视频轨单击鼠标右键，❷选择"插入视频"命令，如下图所示。

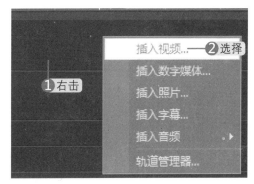

STEP 03 ❶选择本书配套光盘中的"素材文件\Chapter 15\MV素材.mp4"文件，❷单击"打开"按钮进行导入。

STEP 04 播放当前导入的视频素材，预览效果如下图所示。

15.2.2 导入音频素材

音频素材的导入方法基本和视频素材一样，直接在音乐轨中单击鼠标右键并执行导入命令即可，下面来看具体的操作方法。

STEP 01 ❶在音乐轨单击鼠标右键，❷选择"插入音频"下的"到音乐轨 #1"命令，如下图所示。

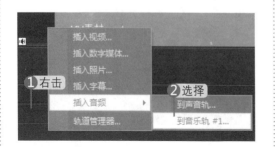

STEP 02 选择本书配套光盘中的"素材文件\Chapter 15\一个人的精彩.mp3"文件，单击"打开"按钮导入，如下图所示。

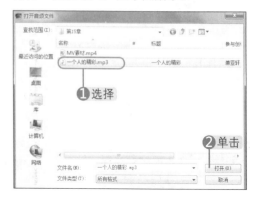

STEP 03 查看导入的音乐文件，对比视频素材，可以发现视频素材相对比较长，如右图所示。因此需要针对视频进行修整，使其长度与音乐长度一致。

 提个醒：由于制作的是MTV影片，所以这里的主要制作对象是MP3音乐，而不是视频，因此要让视频素材根据MP3的需求进行修缮。

15.3 编辑视频素材

因为对于本视频素材，我们需要重新为其配乐，所以需要将该素材中的音频部分分离出来，单独保存项目中的视频内容，具体方法如下。

STEP 01 ❶选择视频轨中的视频素材，❷在选项面板中单击"分割音频"图标，如下图所示。

STEP 02 ❶右击单独分割出来的音频，❷选择"删除"命令，如下图所示。

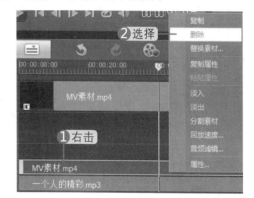

STEP 03 ❶在视频轨中定位播放位置到00:00:08:12处，❷拖曳背景音乐到当前播放位置，如下图所示。

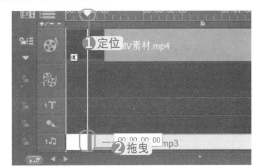

STEP 04 ❶定位播放位置到00:00:31:18处，❷单击"按照飞梭栏的位置分割素材"按钮进行视频分割，如下图所示。

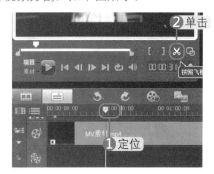

STEP 05 ❶定位播放位置到00:00:44:17处，❷单击"按照飞梭栏的位置分割素材"按钮进行视频分割，如下图所示。

STEP 06 ❶右击这里进行两次分割后的视频，❷选择"删除"命令，如下图所示。

STEP 07 ❶定位播放位置到00:01:14:00处，❷单击"按照飞梭栏的位置分割素材"按钮进行视频分割，如下图所示。

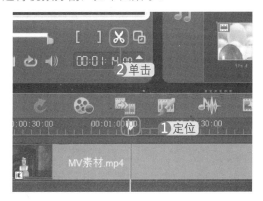

STEP 08 ❶定位播放位置到00:01:17:18处，❷单击"按照飞梭栏的位置分割素材"按钮进行视频分割，如下图所示。

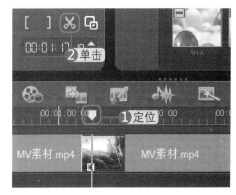

STEP 09 ❶右击这里进行两次分割后的视频，❷选择"删除"命令，如下图所示。

STEP 10 仔细观察，现在修整后的视频长度与音乐播放长度已经一致，如下图所示。

一点通：直接按键盘上的【Del】键也可以进行视频删除。

15.4 导入MP3歌词文件

目前几乎所有的MP3都能够在网上找到对应的歌词文件，我们只需要下载这些歌词，然后转换成会声会影X3所支持的标题格式，即可进行歌词的快速导入。

STEP 01 通过搜索引擎搜索E-Lyric这款歌词转换软件，单击搜索链接，进入官方网站，如右图所示。

STEP 02 单击下载E-Lyric软件，以便进行会声会影专用标题格式UTF的转换，如下图所示。

STEP 03 运行下载的E-Lyric软件，单击"开始"按钮，如下图所示。

STEP 04 ❶切换到"下载"选项卡，❷在歌曲信息下输入歌曲名称，❸单击"下载歌词"按钮，如下图所示。

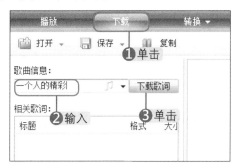

STEP 05 ❶右击下载完成的歌词，❷选择"转换歌词"命令，如下图所示。

STEP 06 在"转换"选项卡中，单击"详细设置"按钮，如下图所示。

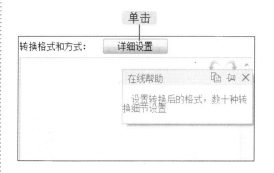

STEP 07 ❶设置转换的歌词格式，其他参数保持默认，❷单击"确定"按钮，如下图所示。

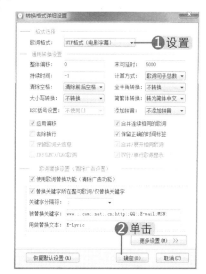

STEP 08 设置完成后，单击"转换"选项卡中的"开始转换"按钮，如下图所示。

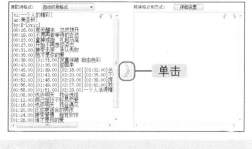

提个醒：正常情况下，这里保持默认设置即可。

STEP 09 ❶转换完成后，单击"保存"按钮，❷选择"保存为歌词字幕文件"命令，如下图所示。

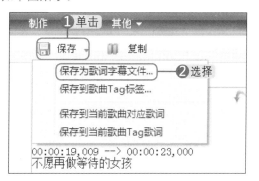

STEP 10 ❶设置保存名称和保存格式，❷单击"保存"按钮，如下图所示。

STEP 11 ❶在视频轨中单击鼠标右键，❷选择"插入字幕"命令，如下图所示。

STEP 12 在打开的对话框中，❶选择刚转换后保存的字幕文件，❷单击"打开"按钮，如下图所示。

STEP 13 在弹出的提示框中，单击"确定"按钮，如下图所示。

STEP 14 稍等片刻，即可在标题轨上显示导入的字幕，如右图所示。

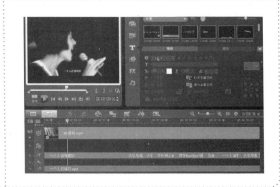

15.5 调整字幕歌词

添加的影片字幕文件通常不会在导入后即与原视频或者音频完全一致，还需要进行后期的调整。该操作一般是通过手动进行完成的，下面来看具体方法。

STEP 01 播放当前制作的影片效果，可以发现字幕文件和歌声不同步，还需要手动进行调节，如下图所示。

STEP 02 ❶播放当前项目，试听歌声开始的位置在00:00:24:10处，❷将第一段歌词标题拖曳到这里，并依次将后续的标题往后延迟，如下图所示。

STEP 03 继续边试听音乐边调整标题位置，使它们之间的播放时间完全一致，如下图所示。

STEP 04 选择第一个标题，设置标题参数如下图所示。

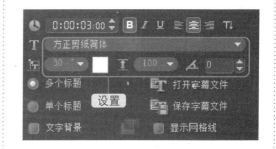

STEP 05 ❶右击设置属性的标题文字，❷选择"复制属性"命令，如下图所示。

STEP 06 ❶依次右击其后的标题，❷选择"粘贴属性"命令，为它们应用统一的标题属性，如下图所示。

15.6 为影片添加歌曲名称

一部完整的MTV影片，歌曲名称犹如画龙点睛的一笔，下面就来进行歌曲名的添加，具体方法如下。

STEP 01 在时间轴视图中，单击"轨道管理器"图标，如下图所示。

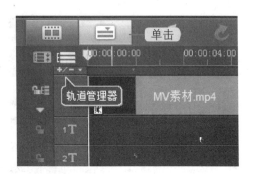

STEP 02 打开"轨道管理器"对话框，❶勾选"标题轨 #2"复选框，❷单击"确定"按钮，如下图所示。

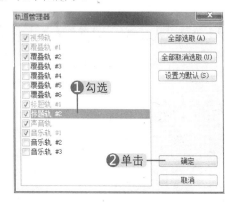

STEP 03 选择标题轨#2，在预览窗口中输入文字"一个人的精彩"，如下图所示。

STEP 04 调整当前标题的区间长度到00:00:20:21位置，如下图所示。

STEP 05 修改标题文字大小为62，其他参数默认不变，如下图所示。

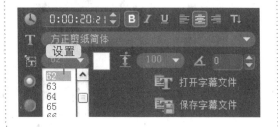

STEP 06 ❶切换到"属性"选项面板，选中"动画"单选项，❷选择"淡化"动画组，❸单击如下图所示的动画特效。

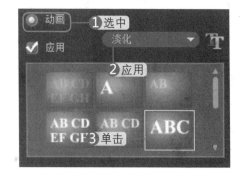

STEP 07 ❶选中"滤光器"单选项，❷单击"缩放动作"滤镜，如下图所示。

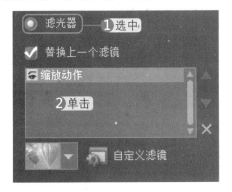

STEP 08 播放预览当前歌曲名称的动态效果，如下图所示。

STEP 09 用同样的方法在标题轨#1输入新标题文字"萧亚轩"，修改文字大小为26，其他参数不变，区间长度如右图所示。

15.7 分享输出影片

通过前面的操作，已经完成了MTV影片的制作，最后我们来进行影片的渲染输出，使其成为能够在各种设备中进行自由播放的完整影片。

STEP 01 ❶切换到"分享"步骤面板，❷单击"创建视频文件"图标，❸选择如下图所示的输出选项。

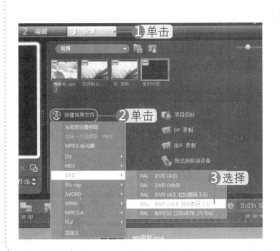

STEP 02 ❶选择保存位置，❷输入保存名称，❸单击"保存"按钮进行输出，如下图所示。

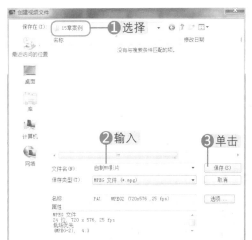

提个醒：由于我们制作的是宽银幕影片，所以这里一定要选择宽屏视频格式进行输出。

STEP 03 会声会影X3软件开始自动渲染输出制作的MTV影片视频，如下图所示。

渲染

一点通：如果需要上传到网络中共享当前的MTV影片，可以将其输出为FLV格式。

STEP 04 完成影片的输出后，软件自动进行效果播放，如下图所示。